Hunde züchten

Claudia Händel

bede bei Ulmer

Grund

▶ **Kann man**
diesen Augen
widerstehen?
Da fallen einem
tausend
Gründe ein,
um zu züchten!

Grundlagen

Auch Züchten will gelernt sein – warum wir noch mal „die Schulbank drücken" müssen. Und: Was bedeutet Züchten überhaupt?

Das vorliegende Büchlein soll Ihnen, liebe LeserInnen, ein Leitfaden sein, an dem Sie sich orientieren und dem Sie den einen oder anderen Tipp entnehmen können. Es kann und soll keinesfalls den Tierarzt ersetzen – dieser ist für alle Belange Ihrer Hunde Ihr kompetenter Ansprechpartner.

Gründe für das Züchten

Zucht bedeutet die sorgfältige geplante Verpaarung von Tieren mit dem Ziel, in äußerem Erscheinungsbild, Gesundheit und Wesen dem jeweiligen Rassestandard möglichst nahezukommen. Und um es gleich vorweg zu nehmen: Hunde züchten ist anstrengend und aufwendig. Hundezucht erledigt man nicht einfach „mal so nebenbei". Wer Hunde züchten möchte – und sei es auch nur einen einzigen Wurf aus der heißgeliebten Hündin – muss sich im Vorfeld intensiv mit dem Thema auseinandersetzen. Zuallererst sollten Sie sich selbst fragen: Warum möchte ich eigentlich züchten?

Grund Nummer 1:
Sie möchten einen Welpen von Ihrer Hündin haben.
Überlegen Sie es sich gut, ob Sie sich das wirklich antun wollen – der Aufwand für einen einzelnen Wurf ist derselbe wie für mehrere künftige Würfe. Sie werden dafür sorgen müssen, dass alle anderen Welpen, die Sie nicht behalten können, in sehr gute Familien vermittelt werden.
Wesentlich einfacher wäre es für Sie, wieder zum selben Züchter zu gehen, von dem Sie Ihre heißgeliebte Hündin haben, und sich von ihm einen Zweithund zu holen.

Grund Nummer 2:
Eine Hündin muss einmal in ihrem Leben Welpen bekommen haben.
Ein weit verbreiteter Irrglaube! Haben Sie wirklich Angst, dass Ihre Hündin ernsthaft an der Gebärmutter erkranken könnte, dann besprechen Sie mit Ihrem Tierarzt die Vorteile einer Kastration. Keine Hündin muss zwanghaft Welpen bekommen – die meisten Hündinnen leben glücklich und zufrieden auch ohne Welpen. In einem Wolfsrudel beispielsweise wird nur die ranghöchste Wölfin trächtig, alle anderen weiblichen Wölfe helfen lediglich bei der Aufzucht der Welpen mit und werden deswegen keineswegs verhaltensgestört.

▶ **Für welche** Rasse haben Sie sich entschieden?

Grund Nummer 3:

Sie möchten einen Nachkommen von Ihrem Rüden.

Dagegen ist grundsätzlich nichts einzuwenden. Allerdings sind einige Kriterien zu erfüllen, bevor Ihr Lieblingshund zum Deckrüden werden kann (siehe Seite 23).

Grund Nummer 4:

Sie möchten damit Geld verdienen.

Mal ehrlich: Glauben Sie ernsthaft, dass Sie mit der Zucht von Hunden das richtig große Geld machen? Profit machen nur die sogenannten Hundevermehrer, indem sie mit vielen Hündinnen mehrere Würfe pro Jahr über eine lange Zeit hinweg produzieren. Das heißt, die Hündinnen werden buchstäblich bis zur Erschöpfung belegt, um das Maximum herauszuholen. Der Begriff „produzieren" ist an dieser Stelle bewusst gewählt, denn die Bedingungen, unter denen sowohl die Muttertiere als auch die Welpen gehalten bzw. aufgezogen werden, sind weder art- noch tierschutzgerecht. Der Profit wird allein aus dem Leid der Tiere geschlagen, die für solche „Züchter" lediglich eine Ware sind. Mit Zucht hat das überhaupt nichts mehr zu tun. Der aus dieser Vorgehensweise entstehende Schaden für die jeweilige(n) Rasse(n) und die ernsthaften Züchter, besonders in der Öffentlichkeit, ist ungeheuer. Leider ist „Züchter" kein gesetzlich geschützter Begriff, sodass es selbst unter den eingetragenen und registrierten Züchtern immer wieder schwarze Schafe gibt.

Grund Nummer 5:

Sie möchten ernsthaft in das Zuchtgeschehen einsteigen.

Sie haben sich gründlich Gedanken gemacht zu Ihrem Vorhaben. Sie möchten Ihren Teil dazu beisteuern, die geliebte Hunderasse in all ihren positiven Eigenschaften zu erhalten bzw. zu deren Verbesserung beizutragen.

Sie haben sich möglicherweise schon für eine bestimmte Hunderasse entschieden und möchten sich jetzt genauer über Hundezucht im Allgemeinen sowie im Besonderen informieren.

Sie möchten nur einen einzigen Wurf aus Ihrer Lieblingshündin haben, dabei aber alles richtig machen. Oder Sie haben vielleicht schon einmal einen Wurf gemacht, sind aber auf der Suche nach praxisrelevanten Tipps und Informationen. Ihnen allen soll das vorliegende Buch den Einstieg erleichtern und Sie mit verschiedenen, häufig auftretenden Fragestellungen bzw. Schwierigkeiten vertraut machen.

Verantwortung des Züchters

Wenn Sie züchten möchten, sollten Sie sich Ihrer großen Verantwortung als Züchter bewusst sein. Denken Sie immer daran – Sie haben es hier mit Lebewesen zu tun und nicht mit einer Ware. Damit Ihre Welpen nicht nach kurzer Zeit im Tierheim landen, stehen Sie in der Verpflichtung, für Ihre Welpen nur die besten Familien auszusuchen und vor allen Dingen diese Familien jederzeit mit Rat und Tat zu unterstützen. Es ist nicht damit getan, die Welpen gut aufzuziehen und gut zu sozialisieren. Sie müssen Ihre Welpenkäufer während der Wartezeit auf den Welpen ausführlich und umfassend informieren, ihnen so viele Hinweise und Tipps wie nur möglich geben und sie in das Geschehen mit einbeziehen. Sie sind – neben dem Tierarzt – für Ihre Welpenkäufer der wichtigste Ansprechpartner für den kleinen Hund. Das heißt, mit der Abgabe der Welpen endet Ihre Verantwortung als Züchter nicht automatisch: einmal Ihre Welpen, immer Ihre Welpen.

Einen seriösen und gewissenhaften Züchter zeichnen nicht nur wohlüberlegte Verpaarungen aus, sondern darüber hinaus das ganze Engagement drumherum. Ein guter Züchter wird jederzeit seine Karten offen auf den Tisch legen.

Er wird seine Welpenkäufer nach bestem Wissen und Gewissen sowie möglichst auf Grundlage neuester wissenschaftlicher Erkenntnisse informieren und beraten, insbesondere über mögliche erbliche Erkrankungen der von ihm gezüchteten Rasse sowie über entsprechende Zuchtmaßnahmen. Ein guter Züchter wird seine Zuchtstätte jederzeit sauber und hygienisch vorführen können, ebenso die in seinem Haushalt lebenden Hunde. Ein guter Züchter wird weder Kosten noch Mühen scheuen, um nur das Beste für seine Hunde, ob Erwachsene oder Welpen, zu tun. Ein guter Züchter ist einer, der immense Anstrengungen auf sich nimmt, nur damit es seinen Hunden gut geht. Ein guter Züchter ist in seine jeweilige Rasse „vernarrt" und möchte diese Rasse bewahren und zu deren Erhalt bzw. Verbesserung beitragen. Ein guter Züchter steckt sein ganzes Geld und seine ganze Freizeit in die Hunde. Ein guter Züchter ist ein Idealist.

Überlegen Sie genau, ob Sie bedingungslos bereit sind, sehr viel Zeit und Geld zu investieren, um Ihren Traum oder Ihre Passion vom Hundezüchten zu verwirklichen.

Rassehundezucht

Es gibt nur wenige Züchter, die das Zuchtgeschehen einer Rasse auf Jahre oder Jahrzehnte hinaus prägen. In der Vergangenheit waren dies passionierte Hundeliebhaber oder Jäger, meist reiche Adelige mit riesigen Anwesen und zahlreichem Personal. Hundezucht in diesem Stil bleibt jedoch nur wenigen vorbehalten. Aus solchen großen Zwingern sind die meisten reinrassigen Ahnherren unserer heutigen Hunderassen hervorgegangen. Diese Art der Zucht galt dem Ziel, für den jeweiligen Zweck (meist zur Jagd oder zur Arbeit) die bestmöglichen Hunde in puncto Gesundheit, Wesen und Arbeitsanlagen zu züchten. Auch heute noch bilden diese drei Kriterien die Grundlagen unserer Hundezucht. Ihren Ausgang nahm die Rassehundezucht in England, einem der Jagd traditionell und leidenschaftlich verhafteten Land. Dabei wurden Hunde miteinander verpaart, die entsprechend wünschenswerte Eigenschaften und Fähigkeiten aufwiesen. Ein sogenannter Rassestandard, wie es ihn heutzutage für alle Rassen gibt, existierte damals nicht. In England wurde 1873 The Kennel Club (KC, der britische Hundezüchterverein) zum Zwecke von Hundeausstellungen gegründet. Anfangs erfolgten Eintragungen im Kennel Club lediglich, um doppelte Namensgebungen im Zuchtbuch zu vermeiden. Dabei spielte die Ahnentafel eine eher untergeordnete Rolle. Als erster Verein stellte der Kennel Club Richtlinien für die Reinrassigkeit von Hunden auf und heutzutage gibt es für jede Hunderasse einen klar definierten, weltweit einheitlichen Rassestandard, an dem sich die moderne Hundezucht orientiert.

Neben dem britischen Kennel Club gibt es noch den American Kennel Club (AKC), den größten Dachverband der Rassehundzüchter in den USA. Er wurde 1884 nach dem Vorbild des KC gegründet.

Im Jahre 1911 schließlich wurde die Fédération Cynologique Internationale (F.C.I.), die Weltorganisation der Kynologie, gegründet. Die F.C.I. ist zuständig für die einheitliche Beschreibung von Hunderassen und die Festlegung von Zuchtrichtlinien. Ihr Sitz ist in Belgien.

DIE F.C.I. (FÉDÉRATION CYNO-LOGIQUE INTERNATIONALE)

Derzeit gibt es 339 verschiedene von der F.C.I. anerkannte Hunderassen. Der F.C.I. sind weltweit insgesamt 83 Mitglieder (Staaten) angeschlossen, darunter 36 Vollmitglieder aus Europa (alle Angaben Stand Januar 2010).

Pro Staat darf nur ein Verband, der alle von der F.C.I. anerkannten Rassen vertritt, Mitglied werden. In Deutschland ist dies der Verband für das Deutsche Hundewesen (VDH) mit Sitz

DER VDH (VERBAND FÜR DAS DEUTSCHE HUNDEWESEN)

Der VDH ist die Dachorganisation für sämtliche Rassehundvereine hier in Deutschland. Insgesamt sind dem VDH 176 Mitgliedsvereine mit 650.000 Mitgliedern angeschlossen. Über 250 verschiedene Hunderassen werden in den Zuchtvereinen des VDH betreut (alle Angaben Stand Januar 2010).

in Dortmund. Alle dem VDH angeschlossenen Rassevereine wie zum Beispiel der Labrador Club Deutschland (LCD), der Verein für Deutsche Schäferhunde e. V. (SV), der Deutscher Mopsclub e. V., um stellvertretend für die vielen Rassen einige zu nennen, haben sich zur Anerkennung sämtlicher Reglements und Richtlinien der F.C.I. verpflichtet und geben diese Verpflichtung gleichermaßen an ihre Mitglieder weiter.

KC, AKC und F.C.I. sind die größten Dachverbände der Hundezüchter weltweit. Untereinander bestehen gewisse Unterschiede sowohl hinsichtlich der Anzahl der anerkannten Rassen als auch bezüglich deren Einteilung. Jedoch anerkennen diese drei Verbände ihre Registrierungen gegenseitig, soweit die entsprechenden Rassen anerkannt sind.

In Deutschland ist für jede Hunderasse ein bestimmter Rasseverein zuständig. Dieser legt die jeweiligen Zuchtrichtlinien fest und gibt auch die Ahnentafeln aus. Nur ein dem VDH angeschlossener Verein ist auch ein vom VDH anerkannter Verein. Bei der Anschaffung eines Hundes zur Zucht ist es daher wichtig, darauf zu achten, dass es sich um einen Vierbeiner eines vom VDH anerkannten Rassevereins handelt.

Im Ausland hingegen ist das Zuchtwesen so organisiert, dass für sämtliche Rassen Zuchtrichtlinien und Ahnentafeln ausschließlich vom jeweiligen nationalen Verband (der unserem deutschen VDH entspricht) ausgegeben werden.

▲ **Will man** mit ihm ernsthaft züchten, tritt man am besten einem der zwei großen Schäferhund-Vereine im VDH bei.

Papiere

Wie sieht nun die Hundezucht auf dem Papier aus? Das wichtigste Papier eines Hundes ist die sogenannte Ahnentafel, häufig auch Pedigree (englisch für Abstammung, Stammbaum) genannt. Die Ahnentafel ist der Abstammungsnachweis des Hundes, der seine Reinrassigkeit belegt. Ausgestellt wird diese Ahnentafel vom jeweiligen Zuchtverein, in dem der Züchter Mitglied ist. Auf der Ahnentafel müssen das Emblem des jeweiligen Rassevereins, das Emblem des VDH sowie das Emblem der F.C.I. aufgedruckt sein. Nur dann können Sie sicher sein, dass Sie es mit einem offiziell anerkannten

Rassehund zu tun haben. Fehlen trotz Prächtigkeit der Ahnentafel VDH- und F.C.I.-Eindruck, lassen Sie besser die Finger von diesem Hund – Sie wollen ja seriös züchten!

Abhängig von der jeweiligen Hunderasse sind unterschiedliche Papiere Voraussetzung, dass Sie züchten dürfen. Eine offizielle Ahnentafel ist auf jeden Fall für alle Rassen Grundvoraussetzung. Dann gibt es noch – rasseabhängig – unterschiedliche Zuchtzulassungsvoraussetzungen: Wesenstest, Formwert, HD/ED-Röntgenauswertungen, Gentests auf Erbdefekte, bestandene Prüfungen (bei Arbeitshunden), Ausbildungskennzeichen, Patella-Untersuchung, Verhaltenstest, Belastungstest und vieles mehr. Sämtliche Zuchttauglichkeitsergebnisse werden auf der Ahnentafel eingetragen.

Hundeausstellungen

Das Ausstellungswesen näher zu erläutern würde den Rahmen dieses Buches sprengen. Daher soll hier nur insoweit darauf eingegangen werden, als für einige Hunderassen die Teilnahme an einer Zuchtschau Voraussetzung zur Zuchtzulassung ist.

Für die Neulinge unter Ihnen ist es oftmals schwer nachvollziehbar, wieso nun dieser spezielle Hund bei einer Hundeschau nicht so gut abschneidet wie jener andere – für Sie sehen diese beiden Hunde doch gleich gut aus! Genau da beginnen die Feinheiten beim Züchten. Gehen Sie im Vorfeld häufiger auf Ausstellungen und beobachten Sie die Hunde Ihrer Rasse: äußeres Erscheinungsbild, Kopf, Haarkleid, Pfoten, Gangwerk, Rute, usw. Machen Sie sich Notizen darüber, warum Sie diesen Hund so faszinierend finden und jenen dort nicht so besonders. Je mehr Ausstellungen Sie besuchen und je genauer Sie beobachten, umso eher werden Sie dem Typ Hund näherkommen, den Sie züchten wollen. Es gibt immer gewisse Strömungen innerhalb einer Hunderasse und auf Ausstellungen sehen Sie meistens den gerade aktuellen Trend. Orientieren Sie sich am Rassestandard, diskutieren Sie

▶ **Hundeausstellungen gehören** zur Zucht dazu. Manche Clubs setzen sogar verschiedene Auszeichnungen voraus, damit überhaupt mit einem Hund gezüchtet werden darf.

Ihre Vorstellungen und Meinung mit anderen Menschen, Nicht-Züchtern wie Züchtern. Nicht jeder Hund, der auf einer Ausstellung als Champion gekürt wird, ist auch im richtigen Leben ein Champion: Was nützt Ihnen ein wunderschöner Hund, der überall nur Preise abräumt, jedoch nur bedingt alltagstauglich ist auf Grund seines schwierigen und launischen Wesens? Denken Sie bei allem Verständnis für ein schönes Äußeres immer auch daran: Es wird nicht nur die äußerliche Schönheit weitervererbt, sondern auch die Charaktereigenschaften. Nachkommen eines eher schwierigen Champions werden keine Familie – ganz besonders mit Kindern – glücklich machen. Im Gegenteil, dadurch können ganz erhebliche zusätzliche Probleme entstehen, was soweit gehen kann, dass diese Familie furchtbar unglücklich wird, weil sie mit dem Hund nicht mehr zurechtkommt. Dann kommt der Hund entweder ins Tierheim oder aber er wird an Sie zurückgegeben. Betrachten Sie die Champion-Titel also eher entspannt und freuen Sie sich, wenn ein von Ihnen

favorisierter oder Ihr eigener Hund einen solchen erhält, aber begehen Sie nicht den Fehler, einen solchen Titel überzubewerten.

Bei sehr vielen Hunderassen erfolgt eine Körung bzw. eine Zuchtzulassung nur im Rahmen einer Ausstellung. Hierzu sind die erforderlichen Papiere sowie der Impfpass mit gültiger Tollwutimpfung des Hundes mitzubringen und der Hund ist entsprechend den Anforderungen der jeweiligen Rasse im Ausstellungsring vorzustellen. Diese Anforderungen sind im Detail in den jeweiligen Körordnungen nachzulesen.

Voraussetzungen für die Hundezucht

Bevor Sie sich nun in das Abenteuer Hundezucht stürzen, sollten Sie sich Gedanken machen, ob Ihrerseits hierfür die entsprechenden Voraussetzungen gegeben sind: Geeignete Wohnverhältnisse, ausreichend Platz, ein gut gefüllter Geldbeutel sowie relativ gute Kenntnisse der Rasse, die Sie züchten möchten. Vor allen Dingen jedoch brauchen Sie geeignete Zuchttiere und sehr viel Zeit und Engagement. Im Folgenden werden wir uns ausführlich mit diesen Punkten beschäftigen.

Platzbedarf

Je nach Größe der von Ihnen gezüchteten Hunderasse benötigen Sie unterschiedlich viel Platz für Ihr Zuchtvorhaben. Das hängt davon ab, wie viele Hunde Sie aktuell halten, wie viele Vierbeiner Sie aus Ihren Würfen behalten möchten bzw. welche Zukäufe geplant sind. Weiter gilt es zu bedenken, ob auch noch ausreichend viel Platz zur Verfügung steht, falls Sie einen Hund von einem Ihrer Welpenkäufer zurücknehmen (müssen). Überlegen Sie dies alles bereits im Vorfeld und überprüfen Sie daraufhin Ihre Wohnverhältnisse. Nicht ganz unwichtig sind auch die Nachbarschaftsverhältnisse. Denn ein Hunderudel ist deutlich lauter als ein Einzelhund. Es wird öfter gebellt und dann auch noch gemeinsam. Wenn dann noch Welpen hinzukommen, ist gleich ein ganzer Chor beieinander!

Zeitaufwand

Seien Sie sich darüber im Klaren, dass Sie Ihr Zuchtvorhaben solange hintanstellen müssen, solange Sie nicht über adäquate Raum- und Zeitverhältnisse verfügen. Beengte Wohnverhältnisse und eine ganztägige Berufstätigkeit schließen eine Hundezucht eindeutig aus! Das heißt nicht, dass Sie Ihren Traum nicht doch verwirklichen können – Sie können es nur nicht unter den aktuellen Bedingungen.

Mit einem großen Haus und einem großen Garten ist es allerdings noch nicht getan, denn für Ihr Zuchtvorhaben brauchen Sie sehr viel Zeit! Konkret heißt das für Sie als seriöser Züchter, dass Sie mindestens 10-12 Wochen lang für Ihre Hündin und die Welpen da sind. Und „da sein" meine ich ganz wörtlich: Hundezucht ist äußerst zeitaufwendig. Anfangs sind Sie rund um die Uhr

zugange, um sicherzustellen, dass es Ihrer Hündin gut geht, dass die Welpen gesund sind, dass sie ausreichend Milch bekommen. So merken Sie sofort, ob mit Ihrer Hündin oder einem der Welpen etwas nicht stimmt. Hat Ihre Hündin beispielsweise zu wenig Milch, müssen Sie mit Milchaustauscher zufüttern. Im Klartext bedeutet dies: Fütterung der Welpen alle zwei Stunden und das rund um die Uhr, also auch jede Nacht! Wenn die Welpen älter sind und ihr erstes „fremdes" Futter in Form von Brei und später dann Fleisch usw. zu sich nehmen, dürfen Sie sich zwar wieder auf eine ungestörtere Nachtruhe freuen, sind allerdings tagsüber voll beschäftigt: Mit der Zubereitung diverser Mahlzeiten für entsprechend viele Welpen, mit dem Entfernen von Kothäufchen und Pipi-Seen, da die Mutter diese Tätigkeit nunmehr an Sie delegiert hat. Des Weiteren mit dem Spielen, Sozialisieren, Pflegen und Aufpassen. Damit nicht genug: Die künftigen Welpenkäufer wollen betreut, beraten und gut informiert werden. Außerdem müssen Sie bereits im Vorfeld einiges an Zeit investieren, um adäquate Familien für Ihre Welpen zu finden.

▲ **Züchten bedeutet,** *viel Zeit zur Verfügung zu haben – zum Beispiel, um sich intensiv mit der trächtigen Hündin zu beschäftigen.*

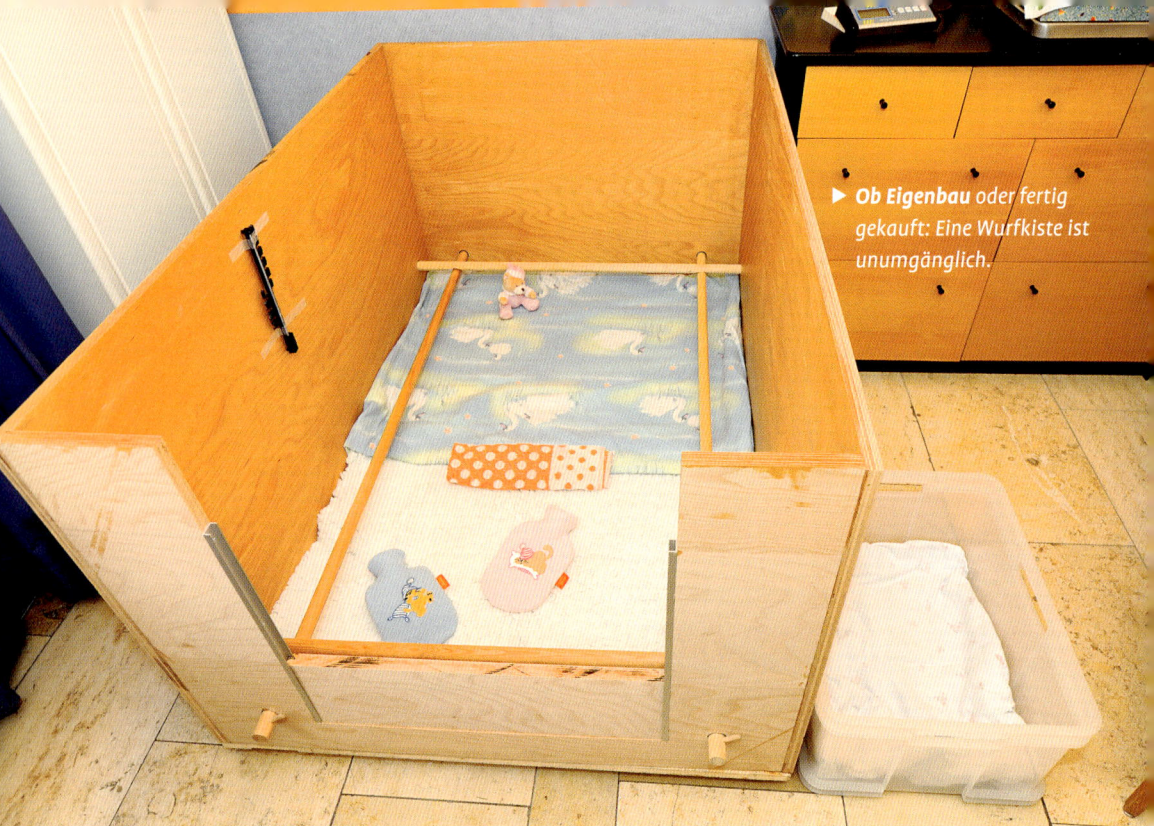

▶ **Ob Eigenbau** oder fertig gekauft: Eine Wurfkiste ist unumgänglich.

Denken Sie immer daran: Hunde sind Lebewesen, keine Aktenordner, die man bei Bedarf ins Regal zurückstellen kann. Insbesondere sind Hunde Rudellebewesen, das heißt für ihr physisches und psychisches Wohlbefinden ist ein Leben in einem sozialen Verband unabdingbar. Daraus folgt, dass Sie als Mitglied dieses gemischten Verbands für Ihre Hunde, ob Erwachsene oder Welpen, viel Zeit aufbringen müssen, wenn Ihre Hundehaltung und -zucht artgerecht sein soll.

Finanzielle Voraussetzungen

Im Grunde genommen ist Hundezucht etwas, was man sich leisten können muss. Wie schon eingangs erwähnt: Hundezucht ist nichts, womit man Geld verdienen kann. Bevor Sie überhaupt damit anfangen, müssen Sie erst einmal richtig Geld in die Hand nehmen. Daher sollten Sie auf jeden Fall finanziell so gestellt sein, dass Sie eine größere Summe frei zur Verfügung haben für die

nicht unbeträchtlichen, im Vorfeld anfallenden Kosten (siehe dort). Wenn Sie eher knapp bei Kasse sind, verfallen Sie bitte nicht dem Irrtum, mit vielen Welpen sei das schnell wieder hereingeholt! Dem ist nämlich nicht so.

Grundausstattung

Was brauchen Sie nun konkret für Ihr Zuchtvorhaben? Da wäre zunächst einmal die Wurfkiste zu nennen, die in den ersten drei Lebenswochen das Zuhause der kleinen Hundeschar sein wird. Sie ist in dieser Zeit der zentrale Ort allen Geschehens. Sobald die kleinen Kerlchen größer geworden sind und hören und sehen können, steht ihr Umzug in ein größeres Domizil bevor – den Innenkennel. Mit zunehmendem Wachstum des Hundenachwuchses geht es bald in die große weite Welt, sprich den Außenkennel im Garten, hinaus. Dort können Sie Ihren kleinen Lieblingen einen herrlichen Abenteuerspielplatz einrichten!

Wurfkiste

In der freien Natur zieht sich die Wölfin in eine Höhle zurück, damit ihre Welpen vor äußeren Gefahren geschützt sind. Gleichzeitig behält sie jedoch den Überblick über das sonstige Geschehen und über ihre Umgebung. Bei unserer Hausaufzucht möchten wir allerdings tunlichst vermeiden, dass sich unsere Hündin in unserem Garten eine Höhle oder ähnliches anlegt. Dies würde nämlich womöglich bedeuten, dass wir nachts in tiefster Finsternis auf den Knien in der hintersten Gartenecke Geburtshilfe leisten und neugeborene Welpen, vorzugsweise solche mit schwarzer Fellfarbe, suchen müssen. Daher stellen wir lieber eine Wurfkiste im Haus auf.

Der geeignete Ort für die Wurfkiste hängt sowohl vom Temperament der Hündin als auch von Ihren räumlichen Gegebenheiten ab. Es gibt Hündinnen, die unbeeindruckt vom Geschehen um sie herum ihre Welpen aufziehen, die Aufmerksamkeit des Menschen- und/oder Hunderudels sogar genießen und nichts dagegen haben, wenn die anderen Rudelmitglieder wie im Kino vor der Wurfkiste sitzen und alles genauestens verfolgen. Andere Hündinnen sind lieber für sich, knurren und zeigen die Zähne, wenn sich ein Rudelmitglied auch nur ansatzweise der Wurfkiste nähert.

Im Idealfall hat man ein separates Welpenzimmer: Einen Raum mit Fenster, Heizung, möglicherweise mit einem direkten Zugang zum Garten und natürlich mit Familienanschluss. Steht kein solcher Raum zur Verfügung, stellt man die Wurfkiste dort auf, wo es hell, beheizbar, frei von Zugluft und je nach Temperament mehr oder weniger abseits des alltäglichen Geschehens auf. Die Hündin muss jedenfalls schnell und einfach zu ihren Welpen, aber auch zum restlichen Rudel und ihrer Menschenfamilie Zugang haben.

▼ **Das erste Zuhause unserer kleinen Lieblinge**

Größe	Je nach Hunderasse. Wird oft durch Zuchtordnung vorgegeben. Vom Rasseverein beraten lassen.
Länge	Hündin soll sich in voller Länge ausstrecken und hinlegen können.
Höhe	Hündin soll voll aufgerichtet darin stehen können, oberhalb von ihr soll sich zusätzlich eine schützende Wand befinden.
Abstandsstangen	Verhindert das Erdrücken von Welpen durch die Mutter.
Tuchüberwurf	Soll die Wärme in der Kiste halten.
Innenausstattung	▶ Ausrangierte Bettdecken (Baumwoll-Synthetik-Mischung), bei 95 °C waschbar ▶ Alte Tücher oder Bettlaken ▶ Krankenhausunterlagen für die Geburt (leicht auswechselbar, erspart großartige Waschaktionen danach) ▶ VetBeds (fellartige Unterlagen, diverse Anbieter im Internet), weiß, bei 95°C waschbar ▶ Zimmerthermometer an der Innenseite einer Längswand mit Tape befestigen

Sie können entweder gleich eine fix und fertige Wurfkiste kaufen oder sich selbst eine bauen (siehe Bauanleitung). Im Handel erhältliche Wurfkisten sind aus versiegeltem Holz oder Kunststoff. Bei den Wurfkisten aus Holz sind die Kanten mit Aluminium eingefasst. Für den Eigenbau nimmt man am besten kunststoffbeschichtete Span- und Tischlerplatten, die gut feucht abzuwischen und zu desinfizieren sind. Je größer die Rasse, die Sie züchten, umso größer die Wahrscheinlichkeit, sich Ihre eigene Wurfkiste bauen zu müssen.

BAUMATERIAL

- ▶ 2 Platten (Holzplatten, Tischlerplatten) für die Seitenwände
- ▶ 2 Platten für Rück- und Türwand
- ▶ 1 Bodenplatte
- ▶ 4 Rundstäbe aus Holz als Abstandsstangen (die Stangen müssen jeweils insgesamt 4–6 cm länger als die jeweiligen Wandplatten sein)
- ▶ 8 etwa 3-4 cm lange Holzdübel
- ▶ mehrere Kanthölzer für die Bodenplatte
- ▶ Holzschrauben zur Montage der Kanthölzer an der Bodenplatte
- ▶ 2 Metallschienen (Aluminium-U-Profil)
- ▶ 8 Lochwinkel, Schlossschrauben zur Montage der Lochwinkel
- ▶ biologisches Hartwachsöl zum Einlassen der Platten

BAUANLEITUNG

1 In die Vorderplatte ① mit einer Kreissäge einen Ausschnitt aussägen, der so breit und groß sein sollte, dass die Hündin bequem ein- und aussteigen kann. An beiden Längskanten des Türausschnitts die beiden Metallschienen ② verschrauben.

2 Das ausgesägte Plattenteil nun in drei gleich große Teile sägen – das sind die drei Einstiegsbretter ③, die man später in die Metallschienen einschiebt, um die Wurfkiste je nach Bedarf zu verschließen oder zu öffnen.

3 Die Tischlerplatten zumindest auf der Innenseite mit biologischem Hartwachsöl einlassen, damit das Holz bei Bedarf feucht abgewischt werden kann.

4 Löcher für die Abstandsstangen ④ bohren. WICHTIG: Beim Bohren darauf achten, dass sich die Stangen bei der Montage an den Ecken überkreuzen können.

5 Auf die vorgesehene Bodenplatte ⑤ Kanthölzer ⑥ schrauben.

6 Seitenteile ⑦ und Rückwand ⑧ auf der Bodenplatte verschrauben. Lochwinkel ⑨ zusätzlich außen auf die Ecken mit geeigneten Schlossschrauben ⑩ montieren. WICHTIG: Bei der Montage darauf achten, dass die Schraubenköpfe innen liegen, um jegliche Verletzungsgefahr auszuschließen.

7 Einstiegsbretter ③ auf Gängigkeit prüfen und ggf. korrigieren.

8 Die Stangen ④ durch die Bohrlöcher schieben und beidseits gegen Durchrutschen mit Holzdübeln sichern.

▶ **Bauteile für** die
Wurfkiste Marke
Eigenbau

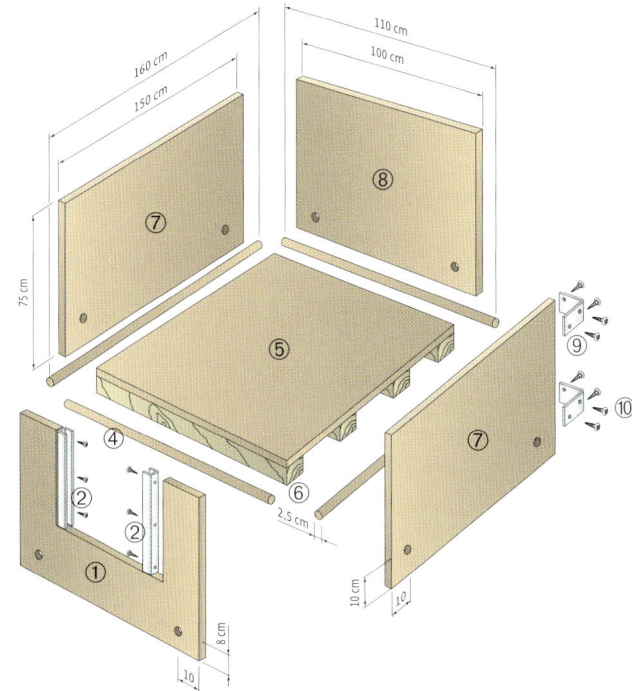

▶ **Fertige Wurfkiste**
mit 3 Einstiegs-
brettern zum
Verschließen/
Öffnen nach Bedarf

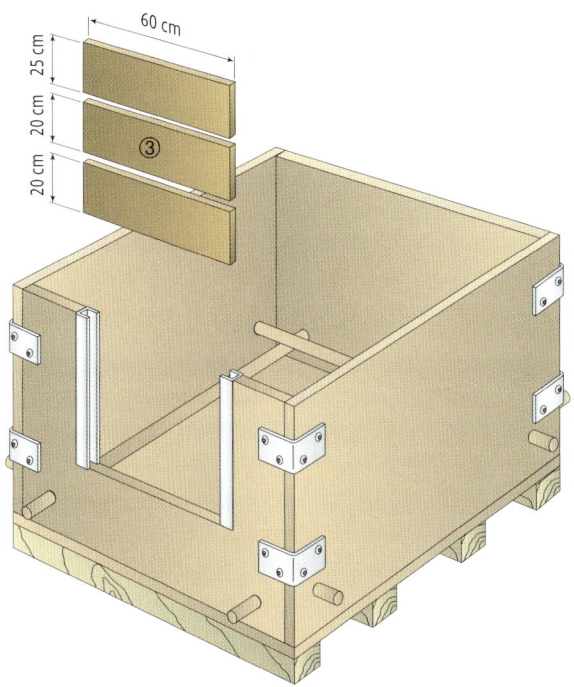

Welpenzimmer oder Innenkennel

Ein Innenkennel ist nichts anderes als ein geräumiger Auslauf für die Welpen innerhalb des Hauses, wenn Ihnen kein separates Welpenzimmer zur Verfügung steht. Diesen Auslauf beziehen die Welpen etwa ab der vierten Lebenswoche, wenn Augen und Ohren offen sind und sie anfangen, lebhaft herumzukrabbeln und ihre Umgebung zu erkunden. Dann wird die Wurfkiste zu eng und Mutter wie Kinder ziehen um in den Innenkennel. Seine Größe richtet sich nach der gezüchteten Rasse: West Highland White Terrier brauchen mit Sicherheit nur halb so viel Platz wie Labradorwelpen!

▼ **Große Wohnung für kleine Kerlchen (Innenkennel)**

Beschaffenheit	Entweder ein separates Welpenzimmer mit Fenster, Heizung und eigenem Zugang oder ein selbstgebauter Innenauslauf aus Holz, ausgekleidet mit Trinkwasserfolie, mit Zugangstür aus Holz und vertikal verlaufenden Holzgitterstäben
Innenausstattung	Weiße VetBeds 100 x 150 cm, alte Tücher oder Bettlaken als Ruhestätten, in einer Ecke Krankenhausunterlagen für das „Welpen-Klo"
Geeignete Objekte	Hundehäuschen aus Kunststoff (für drinnen und draußen geeignet), großer Baumstumpf, großer Hund oder ähnliches als Steinfigur
	Bällchenspielplatz, kleine Baumwollknotentaue, kleine Baumwollbällchen, welpensichere Plüschtiere

Außenkennel

Endlich ist der große Tag gekommen: Die Welpen dürfen mit ihrer Mutter das erste Mal ins Freie! Jetzt kommt unser Außenkennel zum Einsatz. Ein Außenkennel ist ein Welpenauslauf im Freien.

Hierfür trennen wir einfach einen geeigneten Teil unseres Gartens ab. Am besten geht das mit Welpengittern aus verzinktem Aluminium, die Sie beliebig aufstellen und anordnen bzw. versetzen können.

▼ Auf diesen Abenteuerspielplatz freuen sich die Kleinen schon! (Außenkennel)

Verschiedene Untergründe	Steinboden, Erdboden, Gras, Sand. Achtung: Mulch ist ungeeignet, da er teilweise aus Nadelhölzern besteht, die ätherische Öle enthalten und eine stark schleimhautreizende Wirkung haben.
Bepflanzung	Büsche, Sträucher und Bäume als Schattenspender, geeignete Pflanzen wie Lavendel, Basilikum, Petersilie, Thymian, Salbei, Minze, Zitronenmelisse, einfache Wiesenblumen – keine giftigen Pflanzen!
Abenteuerspielplatz	Sandspielplatz, „Schwimmbad"-Wassermuschel, Welpentunnel, Bällchenkiste, Wippe, Laufsteg, dicker Baumstumpf, dickes Betonrohr zum Durchkrabbeln, Hundehäuschen, Windmühlen und Fähnchen, die im Wind klappern, alte Holzleiter, Plastikplane, Luftmatratze, Plüschtiere oder Stoffspielzeug.
Sicherheit	Der Auslauf muss ausbruchsicher sein, Spielzeug welpensicher (keine Knöpfe, Glasaugen, verschluckbare Plastikteile, zu kleine Bälle, Murmeln, usw.).
Teilweise Überdachung	Schutz vor Sonne und Regen.
Sonstiges	Trinkwassernapf (groß, breit, flach).

▶ **Sicher eingezäunt** und mit verschiedenen, welpensicheren Spielgeräten ausgestattet: So kann ein Außenkennel aussehen.

Garten

Der Garten als solches sollte vollständig und ausbruchssicher eingezäunt sein und möglichst keine giftigen Pflanzen aufweisen. Für Hunde giftige Pflanzen müssen Sie entweder an einen Ort umquartieren, wo sie für die Welpen und anderen Hunde nicht zugänglich sind, oder sie so sichern (einzäunen), dass die Tiere nicht mit ihnen in Kontakt kommen können.

▼ **Einige** Zimmer-, Wild- und Gartenpflanzen, die für Hunde giftig sind

Wild- und Gartenpflanzen: Stark bis sehr stark giftig	
Pflanze	**Giftwirkung**
Buchsbaum	Erbrechen, Bauchschmerzen, starker Durchfall. Tödl. Dosis: 5 g Blätter/kg Körpergewicht.
Eibe	Unruhe, Krämpfe, Atemnot, Pupillenerweiterung, Herzrhythmusstörungen. Tödl. Dosis: 30 g Nadeln/Tier.
Oleander	Speicheln, Erbrechen, Bauchschmerzen, Durchfall. Tod durch Herzstillstand innerhalb von Stunden bis wenigen Tagen. Tödl. Dosis: ab 1 g frische Blätter/Tier.
Rhododendron	Brennen im Maul, Speicheln, Erbrechen, Bauchschmerzen.
Thuja	Hautreizung, gerötete Maulschleimhaut, Speicheln, Erbrechen, Durchfall.
Wilde Weinrebe	Brennen im Maul, Speicheln, Erbrechen, Bauchschmerzen, Durchfall. Tödl. Dosis: 10-30 g Weintrauben/kg Körpergewicht. Nicht jeder Hund ist gleich empfindlich.

Wild- und Gartenpflanzen: Giftig	
Efeu	Kontaktdermatitis, Erbrechen, Durchfall, Erregung.
Holunder	Starkes Erbrechen, starker Durchfall, Atembeschwerden.
Liguster	Erbrechen, Bauchschmerzen, Hautreizungen.
Tulpe	Speicheln, Erbrechen, Bauchschmerzen, Durchfall, Hautreizungen.

Zimmerpflanzen: Stark bis sehr stark giftig	
Dieffenbachie	Speicheln, Schleimhautreizung, Schluckbeschwerden, Bauchschmerzen, Durchfall. Tödl. Dosis: 3-4 g Blätter.

Zimmerpflanzen: Giftig	
Weihnachtsstern	Brennen im Maul, Speicheln, Erbrechen, blutiger Durchfall, kolikartige Bauchschmerzen.

▶ **Vorsicht, das** *kann ins Auge gehen: Narzissen gehören zu den Pflanzen, die für Hunde giftig sind.*

Zucht und Ordnung

Wie alles im Leben hat auch in der Hundezucht alles seine Ordnung. Eine der angenehmeren Pflichtübungen ist das Aussuchen eines Namens für Ihren Zwinger. Reichen Sie diesen möglichst rechtzeitig vor einem geplanten Wurf zur Genehmigung ein, da diese bisweilen mehrere Monate auf sich warten lässt. Daneben gilt es, Mitglied in dem VDH-Rassehundeclub Ihrer Rasse zu werden, eventuell Seminare für Neuzüchter zu besuchen, sich die diversen Vorschriften, darunter insbesondere die Zuchtordnung für Ihre jeweilige Rasse einzuprägen und schließlich und endlich noch Ihre Zuchtstätte vom Rassehundverein

genehmigen zu lassen. Nachdem Sie nun den Formalien Genüge getan haben, können Sie sich frohgemut der vierbeinigen Seite von Zucht und Ordnung widmen.

Zwingernamensschutz

Der Zwingernamensschutz ist, vereinfacht ausgedrückt, der Nachname aller Hunde, die Sie künftig züchten und den Sie beantragen müssen, bevor Sie mit Ihrer Zucht beginnen. Sie können sich entscheiden, ob Ihr Zwingername national oder international geschützt sein soll. Für nationale Zwingernamen sind ausschließlich die Mitgliedsvereine des VDH zuständig. Für inter-

nationale Zwingernamen muss der Mitglieds-
verein Ihren Antrag über den VDH bei der F.C.I.
einreichen.

Neuzüchterseminare

Manche Rassehundvereine bieten Seminare für
Neuzüchter an, um diese mit Informationen
rund um das Thema Zucht zu versorgen. In der
Regel handelt es sich dabei um eintägige Veran-
staltungen. Bei manchen Vereinen ist der Besuch
eines solchen Seminars eine der Voraussetzungen,
um überhaupt eine Zwingerzulassung beantragen
zu können.

Mitgliedschaft in einem Rassehunde-club

Eine weitere Voraussetzung für eine offizielle
F.C.I.- oder auch VDH-Zucht ist die Mitgliedschaft in einem vom VDH anerkannten Rasse-
hundeverein. Durch Ihre Mitgliedschaft in einem
solchen Verein verpflichten Sie sich zur Anerkennung und Einhaltung sämtlicher Reglements und
Richtlinien der F.C.I. Das heißt, Sie geloben, Ihre
Zucht an den strengen Vorschriften zu Gesundheit, Wesen und Rassestandard auszurichten und
nicht wahllos irgendwelche Verpaarungen durch-
zuführen.

Zuchtstättenabnahme

Bevor Sie nun durchstarten können, muss Ihre
Zuchtstätte offiziell als geeignet abgenommen
werden. Dies geschieht durch die Zuchtwarte
Ihres Rassevereins. Der Zuchtwart kontrolliert:
- die Eignung der Zuchtstätte, der Wohnung
  oder des Hauses für die von Ihnen geplanten
  Zuchtvorhaben,
- ob ausreichend Platz vorhanden ist,
- ob artgerechte Haltungsbedingungen vorliegen,
- die Aufstellung der Wurfkiste,
- die Verbindung von Haus zu Garten,
- Ihre Sachkunde.

Zuchtordnung des Zuchtvereins

Die Zuchtordnung für Ihre jeweilige Rasse erhalten Sie von Ihrem Verein bzw. können Sie von
dessen Homepage herunterladen. Diese Satzung
regelt beispielsweise, welches Mindestalter eine
Hündin oder ein Rüde haben müssen, bevor sie
erstmals verpaart werden dürfen, welche Zucht-
und Gesundheitskriterien erfüllt sein müssen, die
Verpflichtungen des Züchters und vieles andere
mehr. Die Zuchtordnung ist für alle Mitglieder
verbindlich, eine Verletzung der darin aufgeführten Bestimmungen bedeutet einen Verstoß gegen
die Zuchtordnung und wird vom Rassehundverein geahndet. Über die jeweiligen Maßnahmen
im Falle eines Verstoßes entscheidet die Zucht-
kommission. Die Bandbreite der Maßregelungen
reicht von einer freundlichen Verwarnung über
eine Zuchtsperre bis hin zum Ausschluss aus dem
Zuchtverein.
Die Zuchtordnungen der jeweiligen Rassehundvereine sind in Anlehnung an die national geltende Zuchtordnung des VDH sowie die international geltende F.C.I.-Zuchtordnung abgefasst.
Oftmals wird in den einzelnen Zuchtordnungen
auf die F.C.I.-Zuchtordnung Bezug genommen
oder verwiesen. Am besten lädt man sich diese
von der VDH- bzw. F.C.I.-Homepage herunter.
Genug der Theorie! Jetzt geht es an die Praxis.
Sie wissen, welche Rasse Sie züchten möchten,
Sie waren auf Ausstellungen und konnten mit
etwas Glück Kontakte zu dem einen oder anderen
Züchter knüpfen. Sie haben sich durch Zuchtordnung, Gesundheitskriterien, Neuzüchterseminar
etc. durchgearbeitet, den Rassestandard können
Sie inzwischen auswendig, Ihre Zuchtstätte
wurde abgenommen und einen Zwingernamen
haben Sie auch – kurzum, Sie erfüllen sämtliche
Voraussetzungen. Nun fehlt nur noch der richtige
Partner für Ihren Hund. Seien Sie nicht überrascht, wenn trotz bester Vorbereitung nicht alles
wunschgemäß klappt. Wichtig ist nur, dass Sie Ihr
Ziel im Auge behalten.

Ein bisschen Flirten muss sein!

Wer mit wem?

Wer die Wahl hat, hat die Qual. Oder: Warum es eine Wissenschaft für sich ist, den richtigen Deckpartner zu finden.

Ansprüche an Zuchthündin und Deckrüden

D ie Anforderungen an Zuchttiere sind rasseabhängig unterschiedlich gefasst und in den jeweiligen Zuchtordnungen aufgeführt. Rasseübergreifend jedoch sind für uns zwei Kriterien von wesentlicher Bedeutung: Zum einen das Wesen eines Hundes und zum anderen seine Gesundheit. Alle anderen Anforderungen sind eher sekundär. Ein einwandfreies Wesen macht den einen oder anderen Schönheitsfehler in jedem Fall wett und eine robuste Gesundheit ist die Grundlage für ein unbeschwertes Leben des Vierbeiners. Beide Merkmale, Wesen wie Gesundheit, werden an die Nachkommen weitergegeben – im Positiven wie im Negativen.

Gesundheitskriterien

Vor einer Verpaarung sollten sowohl Deckrüde als auch Zuchthündin in ausgezeichneter gesundheitlicher Verfassung sein. Ist Ihre Zuchthündin bei der ersten Verpaarung bereits vier Jahre alt, sollte der Tierarzt eine genaue Untersuchung von Nieren, Leber und Herz durchführen. Im Allgemeinen ist das Mindest- bzw. Höchstalter von Deckrüden und Zuchthündinnen in den jeweiligen Zuchtordnungen festgelegt. Nach der VDH-Satzung beträgt das

Mindestalter für Hündinnen 15 Monate und für Deckrüden 12 Monate, das Höchstalter für Hündinnen acht Jahre. Für die Deckrüden legen die einzelnen Rassehundvereine das Höchstalter fest bzw. gestatten den Deckeinsatz altersmäßig nach oben hin offen.

Eine Hündin vor der Verpaarung sollte körperlich fit und auf gar keinen Fall übergewichtig sein. Vor dem Zuchteinsatz sollten übergewichtige Hündinnen abnehmen. Eine schlanke, gut trainierte Hündin hat eine bessere Empfängnisrate, ein niedrigeres Risiko für eine Geburtsstörung und weniger Probleme bei der Laktation (Milchproduktion). Trotz aller Sorgfalt können bei jedem Züchter Würfe auftreten, die in puncto Gesundheit Fehlschläge sind. Lassen Sie sich dadurch nicht entmutigen. Gehen Sie stattdessen in die Offensive und versuchen Sie herauszufinden, was schief gelaufen ist. Viele Züchter tragen ihre Fehlschläge nicht an die Öffentlichkeit, sondern übergehen diese stillschweigend. Somit erlangt niemand Kenntnis davon. Dieses Verschweigen hilft jedoch niemandem – im Gegenteil. Auf diese Art und Weise werden Erb- oder andere Defekte zum Nachteil aller Hunde weiter verbreitet. Offenheit und Ehrlichkeit im Umgang mit auftretenden Fehlern zeugen von Verantwortungsbewusstsein zum Wohle der Hunde.

► **Eine robuste** *Gesundheit und ein ausgeglichenes Wesen sind die beiden wichtigsten Eigenschaften von Zuchthunden.*

Rassekriterien

Wie schon im Kapitel „Hundeausstellungen" erwähnt, bestehen innerhalb einer einzelnen Rasse gewisse Trends. Haben Sie jedoch bitte den Mut, nicht nur mit dem Trend zu gehen, sondern vertiefen Sie sich in den Rassestandard. Lesen Sie ihn solange durch, bis Sie ihn fast auswendig können. Überlegen Sie, warum der Rassestandard wohl so aufgestellt wurde. Versuchen Sie zu verstehen, wie sich bestimmte Merkmale für den Hund auswirken: grundsätzlich sollten sich die im Standard aufgeführten Merkmale positiv beim Hund bemerkbar machen.

In der Regel erfüllen Wesen, Eigenschaften und Körperbau einen bestimmten Zweck: Hunde werden zur Jagd, zum Schutz, zur Bewachung, zum Hüten usw. eingesetzt. Ein Teckel, der Füchse und Dachse in ihren Bauten aufstöbern soll, muss daher einen niedrigen Körperbau mit kleinem Brustumfang aufweisen. Im Gegensatz dazu ein Siberian Husky: Er soll über lange Distanzen Lasten ziehen und muss somit eine entsprechende Ausdauer und ein ganz anderes Gangwerk auf-

weisen. Ein Labrador Retriever, der zu Land und zu Wasser geschossenes Wild apportieren soll, muss ein entsprechendes Haarkleid zum Schutz vor Wasser und Kälte aufweisen sowie ein weiches Maul, damit er die geschossene Beute unversehrt zurückbringt.

Überlegen Sie, inwieweit die ausgestellten Hunde diesem Zweck bzw. dem Rassestandard entsprechen oder davon abweichen. Dies ist eine ganz wichtige Vorarbeit für Ihre Zucht, denn Sie müssen genau wissen, welchen Typ Hund Sie züchten möchten. Versuchen Sie, mit Züchtern Kontakt aufzunehmen, deren Hunde Ihnen sehr gefallen. Informationsbeschaffung und insbesondere die Vertiefung in die Ahnentafeln und die darin enthaltenen Blutlinien sowie das Herausfinden von einzelnen Krankheitsträgern etc. ist ein mühsames, langfristig jedoch lohnendes Unterfangen. Je mehr Sie über Ihre Rasse wissen, je besser Sie sich in den unterschiedlichen Blutlinien auskennen, umso präziser können Sie in Ihrer Zuchtplanung vorgehen. Oft hilft es sogar, den einen oder anderen kapitalen Fehler von vornherein zu vermeiden.

Lassen Sie sich nicht dazu hinreißen, am Rassestandard vorbeizuzüchten oder irgendwelchen aktuellen Moden zu folgen. Für die Tiere hat dies zumeist gesundheitlich äußerst bedenkliche Konsequenzen (zum Beispiel: Deutscher Schäferhund oder Mops).

Versuchen Sie sich an den Anfängen einer Rasse zu orientieren. Sehen Sie sich Aufnahmen und Zeichnungen von damals an und vergleichen Sie diese mit den heutigen Rassevertretern, zum Beispiel auf Ausstellungen. Was hat sich geändert? Zum Positiven oder zum Negativen? Oftmals haben Sie als Neuling instinktiv einen unverbildeten Blick auf die Rasse. Das Ziel Ihrer Zucht sollte immer die Erhaltungszucht sein und nicht die Zucht auf Schönheit um jeden Preis. Erhaltungszucht bedeutet nichts anderes als die Rasse so, wie sie ursprünglich angelegt war, zu erhalten. Der Standard wird dabei nicht übertrieben und auf zweifelhafte Experimente, die hinterher großes Leid über die Tiere bringen, wird verzichtet.

Leider ist es im heutigen Ausstellungswesen immer noch so, dass viele Trends von den Zuchtrichtern initiiert werden. Machen Sie sich also nichts daraus, wenn Sie bei einer Ausstellung zu Gunsten eines – vermeintlich – „besseren" Hundes im Vorfeld ausscheiden und keinen Preis gewinnen. Halten Sie trotzdem an Ihrem Zuchtziel fest. Denn wie schon an anderer Stelle erwähnt, bedeutet ein Championtitel nicht automatisch, dass ein solcher Hund für Ihre Zucht geeignet oder ein guter Vererber ist.

Genetik kompakt

Im Rahmen dieses Buches werden nur einige wenige Begriffe kurz erklärt, die Ihnen vielleicht schon häufiger begegnet sind. Wer tiefer in diese Materie eintauchen möchte, der sei an die vielen Fachbücher in deutscher wie auch englischer Sprache verwiesen, die es zu diesem Thema gibt.

- Phänotyp: Gesamtheit aller Merkmale eines Lebewesens (äußere Erscheinung = sichtbar).
- Genotyp: Gesamtheit aller Erbanlagen in einem Lebewesen (Veranlagung = nicht immer sichtbar).
- Heritabilität: gibt an, wie stark bestimmte Eigenschaften und Merkmale genetisch oder durch die Umwelt beeinflussbar sind.
- Dominanz: Das dominante Gen bestimmt das Erscheinungsbild.
- Rezessivität: Das rezessive Gen ist im Erscheinungsbild nicht sichtbar.
- Zuchtwert: gibt an, wie stark oder schwach sich die Elterngene auf bestimmte Merkmale der Welpen auswirken.

WARUM EIN HUND IST, WIE ER IST

Rassetypische Verhaltenseigenschaften können weiter vererbt werden: Ob ein Hund sehr ängstlich oder aggressiv ist, ob er gerne schwimmt oder jagt – diese Eigenschaften gibt der Hund an seine Nachkommen weiter. Studien zufolge weisen beispielsweise Furcht und aggressives Verhalten eine hohe Heritabilität auf (d. h. diese Eigenschaften sind hoch erblich). Das bedeutet für Sie als Züchter: solche Hunde, und wenn sie Ihnen noch so ans Herz gewachsen sind, dürfen nicht zur Zucht eingesetzt werden.

Wie viel vererben Mutter und Vater?

Vater und Mutter vererben jeweils die Hälfte ihrer Gene an die Welpen. Allerdings erhält nicht jeder Welpe dieselben Hälften von Vater und Mutter. Auf Grund dieser Tatsache gibt es teilweise große genetische Unterschiede zwischen den einzelnen Vollgeschwistern.

Hier sind einige Beispiele, die zeigen, welche besonderen Merkmale sich bei unterschiedlichen Rassen vererben und somit züchterisch beeinflussbar sind:

- Reizschwelle bei Schutzhunden
- Tragen von Gegenständen und Wasserbegeisterung bei Retrievern

▶ **Die meisten** Hunderassen wurden zu einem bestimmten Zweck gezüchtet. Border Collies werden auch heute noch zum Hüten eingesetzt.

- Bellen auf der Fährte bei Stöberhunden
- Jagen mit erhobenem Kopf bei Settern
- Jagen mit gesenktem Kopf bei Schweißhunden
- Hüteeigenschaften bei Hütehunden

Unterschiedliche Zuchtmethoden

Von den Zuchtmethoden in der untenstehenden Übersicht sind die beiden letztgenannten „negative Selektion" und „positive Selektion" wohl die am meisten verbreiteten Strategien. Da mit der Anwendung dieser beiden Methoden der Phänotyp gleichförmiger wird, nicht aber die Erbanlagen unbedingt reinerbiger werden, eignen sie sich gleichermaßen für Anfänger wie für erfahrene Züchter. Ihnen als Einsteiger seien diese beiden Methoden angeraten.

▼ **Zuchtmethoden – oder: nicht alle Partner passen zusammen**

Inzucht	Verpaarung eng miteinander verwandter Zuchtpartner (Voll- und Halbgeschwister, Eltern, Nachkommen).
Linienzucht	Verpaarung weiter miteinander verwandter Zuchtpartner.
Fremdzucht	Geringer bis keinerlei Verwandtschaftsgrad der Zuchtpartner.
Negative Selektion	Verpaarung unterschiedlich aussehender Zuchtpartner (unterschiedliche Phänotypen). Zum Ausgleich der Schwächen des eigenen Hundes durch die Stärken des Deckpartners.
Positive Selektion	Verpaarung ähnlich aussehender Zuchtpartner (gleiche Phänotypen). Zur Zurückdrängung polygenetischer Merkmale wie zum Beispiel Hüftgelenksdysplasie (HD).

Erbdefekte

Informieren Sie sich gründlichst über sämtliche bei Ihrer Rasse bekannten genetischen Veranlagungen bzw. Erbdefekte. Dank verschiedener Gentests kann bereits im Vorfeld bestimmt werden, ob sich ein Hund für die Zucht eignet oder nicht. Bei dominant vererbten Erkrankungen können züchterische Maßnahmen (zum Beispiel der Zuchtausschluss betroffener Tiere) sehr effektiv zur Elimination des Gendefekts führen.

Wesen

Züchten Sie niemals mit einem Hund, der ein instabiles, aggressives oder ängstliches Wesen besitzt. Und zwar ganz unabhängig davon, ob dieser Hund ansonsten hervorragende Eigenschaften besitzt. Das Wesen ist das wohl wichtigste Einzelkriterium, das bei der Hundezucht berücksichtigt werden muss, unabhängig von Rasse und Größe des Hundes.

Auswahlkriterien

Am besten fangen Sie damit an, möglichst viel über die einzelnen, in der Ahnentafel Ihres Zuchthundes aufgeführten Hunde in Erfahrung zu bringen. Beginnen Sie mit den Eltern Ihres Zuchthundes: Versuchen Sie, diese entweder „live" zu sehen oder aber Fotos von ihnen zu erhalten bzw. über das Internet zu finden. Versuchen Sie ferner, möglichst viele Gesundheitsdaten über diese Eltern zum Beispiel über Zuchtdatenbanken herauszufinden: Haben die Tiere zum Beispiel ED oder HD, Augen- oder Herzerkrankungen, sind sie vollzahnig? Beschaffen Sie sich gleichzeitig Fotos und Gesundheitsdaten über sämtliche Geschwister Ihres Zuchthundes. Trauen Sie sich ruhig, den Züchter Ihres Zuchthundes auf ihm bekannte Vorzüge und Mängel der Hündin oder des Rüden, deren Geschwister sowie Eltern anzusprechen. Genauso verfahren Sie mit dem von Ihnen gewählten Deckpartner. Im nächsten Schritt versuchen Sie, dieselben Informationen von den Großeltern usw. Ihres Zuchthundes oder des gewünschten Deckpartners zu erhalten. Je länger Sie in der Ahnenreihe zurückgehen, umso schwieriger wird dieses Unterfangen. Umgekehrt bedeutet dies, dass der Einfluss der nächsten Verwandten (Eltern, Geschwister, Großeltern) auf Ihren Zuchthund oder den gewünschten Deckpartner am größten ist.

Fragen Sie beim Züchter Ihres Zuchthundes oder des gewünschten Deckpartners nach, welche Verpaarungen erfolgreich waren und warum. Fragen Sie ebenfalls nach, ob irgendwelche Defekte, spezielle Merkmale etc. existieren, die bei der Zuchtplanung berücksichtigt werden sollten. So gewinnen Sie einen groben

▼ **Informationswert von** *Verwandten*

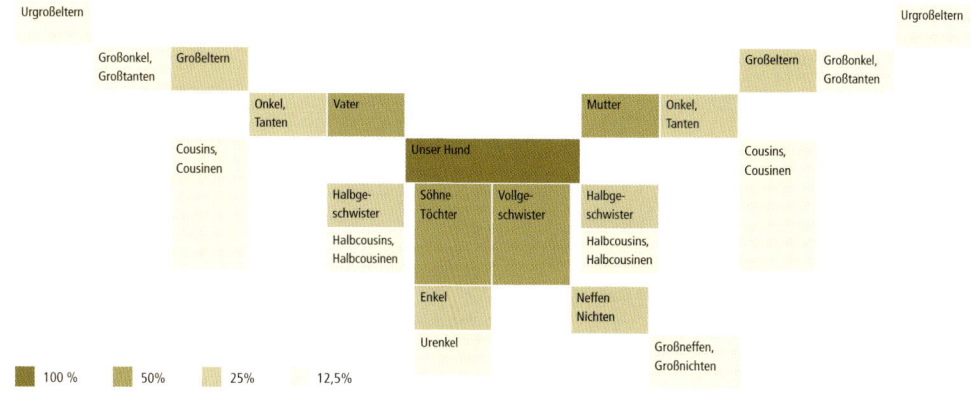

Überblick, was auf Seiten Ihres Zuchthundes und des gewünschten Deckpartners wichtig und zu beachten ist.

Beurteilung einer bereits vorhandenen Hündin

Die erste und wichtigste Maßnahme ist die objektive Beurteilung Ihrer Hündin nach den Kriterien des Rassestandards (mit den diversen tollen Hunden, die Sie gesehen haben, im Hinterkopf). Diese Aufgabe ist mit Sicherheit sehr schwierig. Sie werden mir von ganzem Herzen zustimmen, wenn ich sage, dass ausgerechnet Ihre Hündin die allerbeste und allerschönste auf der ganzen Welt ist. Aber – und jetzt kommt das große Aber – das bedeutet nicht, dass sie auch unbedingt eine geeignete Zuchthündin ist. Ihre Aufgabe ist es nun, wirklich ganz objektiv Ihre Hündin zu beurteilen und die rosarote Brille der Liebe und Zuneigung außen vor zu lassen.

Schauen Sie genau hin: Welche Kopfform hat Ihre Hündin? Sieht sie im Vergleich zu anderen wunderschönen Hündinnen Ihrer Rasse genauso gut aus oder ist der Kopf nicht vielleicht doch etwas zu schmal (zu spitz, zu dick, usw.)? Wie ist ihr Augenausdruck: freundlich, sanft, hart, aufgeweckt? Entspricht die Augenfarbe dem Standard? Wie sieht es mit ihrem Körperbau aus: zeigt sie eine schöne Rückenlinie? Sind ihre Beine kräftig oder eher dünn? Ist ihr Knochenbau eher kräftig bis massig oder eher zartgliedrig? Ist Ihre Traumhündin eher schlank oder eher massig? Wie sind ihre Proportionen: harmonisch oder eher unharmonisch (Körper zu lang oder zu kurz, Beine im Verhältnis dazu zu lang oder zu kurz oder zu dünn, Kopf zu groß oder zu klein, usw.)? Wie sieht es mit den Winkelungen der Gelenke aus: sind sie eher flach oder eher steil oder gut gewinkelt? Wie ist ihr Fell beschaffen? Wie sieht es mit dem Gangwerk aus: läuft sie weiträumig, eher kurz oder „hoppelt" sie? Hat sie eine schöne Pfotenform oder eher nicht?

Führen Sie diese Beurteilung immer wieder durch, einfach so, zwischendurch. Dadurch verlieren Sie Ihre Befangenheit gegenüber Ihrer geliebten Hündin und werden von Mal zu Mal objektiver. Notieren Sie sich die Stärken und Schwächen Ihrer Hündin. Im Idealfall kennen Sie einen Züchter Ihrer Rasse. Bitten Sie ihn, dass er Ihre Hündin beurteilt. Lassen Sie sich von ihm erklären, warum er dies als Stärke oder jenes als Schwäche ansieht.

Stellt sich nun heraus, dass Ihre Hündin einfach nicht das mitbringt, was man von einer guten Zuchthündin erwartet, sehen Sie den Tatsachen ins Auge: Verwenden Sie diese sonst supertolle Hündin nicht zur Zucht. Es gibt Hunde, mit denen Sie alles machen können – die aber leider nicht zur Zucht taugen. Freunden Sie sich stattdessen lieber mit dem Gedanken an, sich gezielt eine zuchttaugliche zweite Hündin anzuschaffen, mit der Sie eine gute Grundlage für Ihren neuen Zwinger legen können.

Neuanschaffung einer Zuchthündin

Wenn Sie sich gezielt eine Zuchthündin anschaffen möchten, empfehle ich Ihnen, eine bereits ausgewachsene Hündin im Alter von 12-18 Monaten zu kaufen. An ihr können Sie bereits für Sie wichtige Eigenschaften erkennen. Sicherlich investieren Sie für eine solche Hündin mehr Geld als für einen acht oder zehn Wochen alten Welpen. Jedoch ist diese Investition lohnenswert, weil bei einer solchen Hündin bereits meist alle Gesundheitsergebnisse vorliegen. Langfristig kommt Sie diese Investition ohnehin billiger, weil Sie nicht erst mehrere Welpen anschaffen müssen: Inklusive Großziehen und das Anfertigenlassen der Gesundheitsergebnisse nicht zu vergessen – um dann festzustellen, dass sie nicht zur Zucht geeignet sind.

Achten Sie darauf, dass Ihre Hündin dem jeweiligen Rassestandard mit der Note „vorzüglich", mindestens jedoch „sehr gut" entspricht. Darüber hinaus sollte sie alle erforderlichen Gesundheitsnachweise besitzen, bei HD/ED-Auswertungen möglichst im oberen Zuchtbereich liegen, frei von bekannten Erbdefekten sein usw. Ihre zu-

▲ **Machen Sie** sich bewusst: Nobody's perfect
– die perfekte Zuchthündin gibt es nicht.

Auswahl eines Deckrüden für Ihre Hündin

Es gibt viele vorgeschobene Gründe, die für einen Deckrüden sprechen. Vorgeschoben deshalb, weil es keine echten Gründe sind: Er ist gerade der aktuelle Champion, in seiner Ahnentafel sind total viele Champions aufgeführt, sein Besitzer wohnt ganz in der Nähe von Ihnen usw. Das alles sind keine echten Gründe.

Die Auswahl des Deckrüden hängt grundsätzlich von den Eigenschaften Ihrer Zuchthündin ab! Sammeln Sie die Vor- und Nachteile des Deckrüden in Bezug auf Ihre Hündin. Versuchen Sie, mit der Auswahl des Deckrüden vorhandene Schwächen Ihrer Hündin auszugleichen und bestehende Stärken weiter zu festigen. Verpaaren Sie niemals dieselben Fehler miteinander!

Prüfen Sie die Gesundheitsdaten des Rüden: Wie ist der ED/HD-Status? Ist er vollzahnig? Ist er frei von erblichen Augen- und sonstigen Erkrankungen? Überprüfen Sie möglichst auch bereits vorhandene Nachkommen auf mögliche rezessiv vererbte Erkrankungen. Das Wissen darum, dass dieser Rüde einen Defekt rezessiv vererbt, ist oft wertvoller als eine Urkunde, die dem Rüden bescheinigt, dass er selbst diese oder jene Erbkrankheit nicht hat. Erscheint Ihnen ein Kandidat zu riskant, nehmen Sie ihn kompromisslos von Ihrer Auswahlliste.

Setzen Sie grundsätzlich mehrere Deckrüden auf Ihre Auswahlliste. Vielleicht steht einer Ihrer Wunschkandidaten gerade im Ausland? Vielleicht akzeptiert der Besitzer des anderen Deckrüden Ihre Hündin nicht? Sie sollten in jedem Fall einen Top-Favoriten sowie einen Rüden „zweiter Wahl" auf Ihrer Liste haben.

Nun haben Sie also Ihre zwei Favoriten ausgewählt. Einer davon ist noch recht jung, der andere bereits ein älterer Rüde. Welchen sollen Sie nehmen? Wählen Sie den älteren Rüden. Denn vielleicht wird dieser bald aus der Zucht genommen, entweder altershalber oder weil er schon länger im Deckeinsatz steht. Den jüngeren Rüden dagegen wird es noch eine Weile länger

künftige Zuchthündin sollte ein einwandfreies Wesen besitzen, vom Phänotyp her weitestgehend dem jeweiligen Rassestandard sowie dem Typ entsprechen, den Sie gerne züchten würden. Natürlich werden Sie die perfekte Zuchthündin nicht finden, denn den in jeder Hinsicht vollkommenen Hund gibt es einfach nicht. Solange es sich um eher kleinere Mängel wie beispielsweise eine nicht ganz korrekte Fellzeichnung, eine etwas zu hoch angesetzte Rute oder ähnliches handelt und nicht um gravierende Erbdefekte, besteht keine Notwendigkeit, diese Hündin nicht zur Zucht zu verwenden. Allerdings sollten Sie keine Tiere mit bedeutenden Defekten wie zum Beispiel mit ED/HD, erblichen Herz- oder anderen Erkrankungen, Epilepsie oder ähnliches zur Zucht einsetzen. Dies wird allerdings meist ohnehin von den zuständigen Zuchtverbänden durch entsprechende Zuchtprogramme ausgeschlossen.

geben, mit ihm können Sie auch noch ein oder zwei Jahre später einen Wurf planen.

Einen Deckrüden findet man am besten über die Deckrüdenlisten, die die meisten Zuchtvereine führen. Schauen Sie sich die Liste in Ruhe an. Nehmen Sie Kontakt mit den Züchtern auf, deren Deckrüden Sie interessieren und sehen Sie sich diese möglichst vor Ort an. Dafür müssen Sie unter Umständen viel Zeit und lange Autofahrten in Kauf nehmen.

Zeigen Sie den Deckrüdenbesitzern die Ahnentafel Ihrer Hündin. Vielleicht lehnt auch einer der Deckrüdenbesitzer eine Verpaarung seines Rüden mit Ihrer Hündin ab. Nehmen Sie eine Absage bitte nicht persönlich, fragen Sie in einem solchen Fall lieber nach den Gründen. Möglicherweise gibt es ein gutes Argument und Sie haben wieder etwas dazugelernt.

Vergessen Sie nicht: Viele Züchter stimmen auch einer eher ungünstigen Verpaarung zu, denn sie haben die Decktaxe (Gebühr für die Verpaarung) im Hinterkopf.

Beurteilung eines bereits vorhandenen Rüden

Für die Beurteilung Ihres Rüden gelten dieselben Kriterien wie für die Beurteilung einer Hündin (siehe dort): Auch wenn Ihr Rüde selbstverständlich der beste und schönste Rüde der Welt ist, bedeutet dies nicht unbedingt, dass er auch ein klasse Deckrüde bzw. zur Zucht geeignet ist.

Wichtige Eigenschaften eines Deckrüden

Die beiden wichtigsten Eigenschaften eines Deckrüden sind seine Fruchtbarkeit und seine Deckbereitschaft. Ein äußerst fruchtbarer Rüde nützt Ihnen gar nichts, wenn er keine Lust zum Decken hat. Ein ständig deckbereiter Rüde ist genauso nutzlos, wenn seine Bemühungen stets erfolglos sind, weil er beispielsweise unfruchtbar ist. Im Allgemeinen jedoch ist der Hund zum Glück ein ziemlich fruchtbares Säugetier. Die

Zeugungsfähigkeit eines Rüden erreicht etwa mit dem dritten Lebensjahr ihren Höhepunkt und bleibt bis etwa zu seinem achten Lebensjahr stabil. Ab diesem Zeitpunkt ist damit zu rechnen, dass sie allmählich abnimmt.

Deckrüden sollten immer ein absolut stabiles und ausgeglichenes Wesen aufweisen. Seien Sie in diesem Punkt wirklich streng – sich selbst und Ihrem geliebten Rüden gegenüber. Setzen Sie Ihren Rüden niemals ein, wenn er nicht wirklich absolut wesensfest ist.

Jeder Deckrüde sollte mit seinem Exterieur dem im Rassestandard beschriebenen Ideal so nahe wie möglich kommen. Voraussetzung hierfür ist natürlich ein sinnvoller Rassestandard. Oftmals entspricht die auf Ausstellungen von den Zuchtrichtern bei der Beurteilung des Exterieurs vergebene Note „vorzüglich" nicht unbedingt den Tatsachen. Unabhängig von sämtlichen Trends, Noten und Beurteilungen sollte ein Deckrüde neben einem wirklich vorzüglichen Wesen möglichst kerngesund sein und keinerlei Erbdefekte vererben.

Neuanschaffung eines Deckrüden

Auch für eingefleischte Rüden-Fans gilt: Informieren und Lernen ist alles. Sie müssen sich innerhalb Ihrer Rasse sehr gut auskennen, damit Sie wissen, welchen Typ Rüden Sie kaufen sollen, welche Eigenschaften und welche Blutlinien er aufweisen sollte bzw. welche nicht.

Es ist gut möglich, dass es in Deutschland keinen Rüden gibt, der Ihren Vorstellungen entspricht. Dann sind Sie auf den Import eines Rüden angewiesen. Auch hier gilt wieder: Informieren Sie sich möglichst gründlich im Vorfeld. Überlegen Sie, welche Merkmale Ihrer Rasse verbesserungswürdig sind. Gehen Sie auf viele, auch internationale Ausstellungen und finden Sie heraus, in welchem Land die Hunde Ihrer Meinung nach am ehesten die gewünschten Qualitäten aufweisen. Reisen Sie dorthin, besuchen Sie die dortigen Ausstellungen und möglichst viele Zwinger. Haben Sie einen vielversprechenden Zwinger gefunden, dann kaufen Sie keinen Welpen, sondern einen einjährigen Rüden. Auch wenn noch nicht sämtliche Eigenschaften in diesem Alter voll ausgeprägt sind, sind sie doch bereits soweit sichtbar, dass man sie gut beurteilen kann.

Sind Sie nun glücklicher Besitzer eines in vielerlei Hinsicht hervorragenden Deckrüden, dann will dessen Einsatz gut überlegt sein. Legen Sie strenge Kriterien an die zu deckenden Hündinnen an – dann wird sich der Einsatz Ihres Deckrüden für die gesamte Rasse lohnen.

Wiederholungsverpaarungen

Gehen Sie in sich und prüfen Sie, ob die erste Verpaarung erfolgreich war. Sind solche Hunde dabei herausgekommen, was Sie es erhofft hatten? Wenn die Welpen nicht das Gelbe vom Ei sind, ist die Antwort ist einfach. Dann wiederholen Sie die Verpaarung natürlich nicht. Sind die Welpen von vorzüglicher Qualität, wird es schon schwieriger. Meiner Meinung nach tragen Wiederholungsverpaarungen jedoch nichts bis wenig zum Verständnis des Zuchtpotentials einer

Hündin bei. Im Grunde genommen stagnieren Sie züchterisch, auch wenn Sie durch solche Verpaarungen durchaus sehr gute Hunde erhalten können. Um langfristig Erfolg zu haben, sind Wiederholungsverpaarungen also ungeeignet.

Rendezvous, ganz unromantisch

Vor jedem Deckgeschehen steht der unvermeidliche Papierkrieg. Je nach Rasse müssen Sie entweder einen Deckschein bei Ihrem Verein anfordern oder aber die geplante Verpaarung vorab genehmigen lassen. Desweiteren müssen Sie im Vorfeld mit dem Deckrüdenbesitzer die Decktaxe vereinbaren, die meist nach dem Deckakt entrichtet wird. Lassen Sie sich hierüber auf jeden Fall eine Quittung ausstellen. In den Deckschein werden alle Angaben zu den beiden Deckpartnern eingetragen. Er wird nach vollzogenem Deckakt sowohl von Ihnen als auch dem Deckrüdenbesitzer unterzeichnet und von Ihnen sofort an den Verein übersandt. Sollte Ihre Hündin leer bleiben (also nicht trächtig werden),

▶ **Um den** richtigen Rüden zu finden, müssen Sie vielleicht sogar zu Ausstellungen ins Ausland reisen.

kann der Deckrüdenbesitzer ein kostenloses Nachdecken in der nächsten Läufigkeit anbieten, er ist dazu aber nicht verpflichtet. Die Decktaxe wird immer nur für den Deckakt bezahlt, nicht jedoch für dessen Erfolg!

Hündin: vor, während und nach dem Deckakt

Jetzt ist es soweit: Sie bringen Ihr Hundemädchen zu ihrem Auserwählten. Ihre Hündin wird es sehr zu schätzen wissen, wenn Sie Ruhe und Gelassenheit ausstrahlen – das strahlt auf sie ab. Ganz besonders junge Hündinnen oder solche, die noch nie gedeckt wurden, profitieren ungemein, wenn Herrchen oder Frauchen Ruhe bewahren und sich ganz normal verhalten.

Läufigkeit

Die erste Läufigkeit einer Hündin tritt zwischen dem sechsten und 12. Lebensmonat ein. Sie hält im Schnitt zwei bis drei Wochen an. Eine Läufigkeit macht sich durch Verhaltens- und körperliche Veränderungen bemerkbar: Die Hündin ist wesentlich anhänglicher, ihre Vulva schwillt an, auf Spaziergängen setzt sie mit ihrem Urin regelrechte Markierungen. Bei den ersten Anzeichen einer Vulvaschwellung tupfen Sie mit einem Papiertaschentuch die Vulva ab – so sehen Sie am besten, wann der erste Tag der Blutung einsetzt, dann ist der Ausfluss blutrot.

Deckverhalten

Durch Beschnüffeln, Necken und Zudrehen des Hinterteils zeigt die Hündin dem Rüden, dass sie Interesse hat. Reagiert der Rüde nicht darauf, wird eine erfahrene deckbereite Hündin ihn anstupsen, vielleicht sogar auf ihn aufreiten. In der Regel hält die Hündin still, während der Rüde aufreitet und auch danach. Nachdem der Rüde wieder abgestiegen ist, "hängen" die beiden noch eine Weile. Das bedeutet, dass der Penis des Rüden nach dem eigentlichen Deckakt noch eine Zeit lang in der Hündin bleibt. Jungfräuliche Hündinnen verhalten sich oft

nicht ganz so gelassen wie eine erfahrene Hündin. Sie versuchen manchmal im letzten Moment noch, vom Rüden wegzukommen – was ein erfahrener Rüde durch konsequentes Festhalten zu verhindern weiß. Gelegentlich quietschen sie kurz während des Deckakts, bleiben während des Hängens jedoch weitgehend still stehen. Trennen Sie im Stadium des Hängens NIEMALS Hündin und Rüde gewaltsam voneinander! Das kann zu sehr gefährlichen Verletzungen führen.

Deckzeitpunkt

Für den Großteil der Hündinnen liegt der beste Deckzeitpunkt zwischen dem 12. und 14. Läufigkeitstag. Meist hat dann der Ausfluss auch seine Farbe von blutrot zu wässrig-blassrosa verändert. Individuell kann eine Hündin aber auch schon am siebten Läufigkeitstag deckbereit sein, andere Hündinnen wiederum sind „Spätzünder" und erst um den 21. oder 22. Läufigkeitstag deckbereit. Am genauesten kann der Deckzeitpunkt mittels quantitativem Progesterontest bestimmt werden. In der Regel beginnt man mit den Tests am siebten Läufigkeitstag und wiederholt den Test alle zwei bis drei Tage, bis ein Wert zwischen 4,0 und 10,0 ng/ml gemessen wird. Daraufhin kann ein bis zwei Tage später der erste Deckversuch und eventuell vier Tage später ein zweiter Deckversuch unternommen werden. Grundsätzlich liegt der beste Deckzeitpunkt drei Tage vor und drei Tage nach den Eisprüngen.

Mit dieser Methode sind Sie als Neuling in der Regel auf der sicheren Seite. Denken Sie aber

TRÄCHTIG WERDEN AUF VERSCHIEDENE ART UND WEISE

Es gibt verschiedene Arten einer Belegung der Hündin: den hier beschriebenen Natursprung oder die Samenübertragung mit Frischsamen, gekühltem oder Tiefgefriersamen.

► **Wann ist** der richtige Zeitpunkt gekommen? Halten Sie sich und ihre Hündin bereit und reisen Sie lieber einen Tag zu früh als zu spät zum Deckrüden.

immer daran: Auch wenn der Progesteronwert eine bestimmte Höhe erreicht hat, heißt das noch lange nicht, dass sich Ihre Hündin sofort decken lässt! Es kann durchaus sein, dass sie noch einen oder mehrere Tage braucht, bis sie tatsächlich soweit ist. In dieser Phase sollten Sie in ständigem Kontakt mit dem Deckrüdenbesitzer stehen, sodass Sie, wenn der Progesteronwert auf 4,0 ng/ml angestiegen ist, jederzeit mit Ihrer Hündin anreisen können. Fahren Sie lieber ein, zwei Tage zu früh ab und vertreiben sich vor Ort die Zeit, als dass Sie und Ihre Hündin völlig abgehetzt und hektisch auf den letzten Drücker beim Deckrüden eintreffen.

Die wichtigste Maxime für das Decken lautet: viel Zeit und Geduld. Ihre Hündin muss Gelegenheit haben, sich mit dem Rüden und seiner Umgebung vertraut zu machen. Dies gilt ganz besonders für unerfahrene Hündinnen, die noch nie gedeckt wurden. Ein kleiner Flirt unter Hunden, freundliches Beschnüffeln, ein kurzes Spiel tragen zum gegenseitigen Kennenlernen bei. Besonders eine unerfahrene Hündin ist eher bereit, sich decken zu lassen, wenn sie sich zuvor mit dem

PROBLEME DER HÜNDIN BEIM DECKEN

► Zu frühe Vorführung der Hündin – optimaler Deckzeitpunkt ist noch nicht erreicht.
► Ihre Hündin mag den Rüden nicht – ein klassischer Fall von Antipathie.
► Ihre Hündin ist von Ihrer Anwesenheit genervt – außer Sichtweite der Hündin gehen und dem Deckrüdenbesitzer die Führung überlassen.

Deckrüden anfreunden konnte. Lassen Sie sich niemals dazu hinreißen, eine Verpaarung gewaltsam zu erzwingen!

Probleme der Hündin beim Decken

Eine deckbereite Hündin bleibt stehen und legt die Rute zur Seite, sodass der Rüde aufreiten kann. Das ist natürlich der Idealfall, der dann eintritt, wenn sich beide Partner miteinander verstehen. Was aber tun, wenn sich die Hündin partout nicht decken lassen will, gar aggressiv wird und den Rüden verbeißen will? Dafür kann es verschiedene Gründe geben.

DIE MINUTEN DANACH

Für die erfolgreiche Befruchtung ist es unerheblich, ob man der Hündin nach dem Deckakt das Urinieren erlaubt oder sie besonders ruhig hält. Der vom Rüden abgegebene Samen verbleibt in der Gebärmutter und in den Eileitern und kann nicht mehr verloren gehen, sobald das Hängen vorüber ist.

Idealerweise hat zumindest einer der beiden Deckpartner bereits Erfahrung. Für eine unerfahrene Hündin nimmt man einen Rüden, der schon mehrmals gedeckt hat. Umgekehrt zeigt eine erfahrene Hündin einem unerfahrenen Rüden, wo es lang geht. Die Verpaarung zweier „Jungfrauen" überlässt man am besten einem erfahrenen Züchter bzw. zieht einen solchen zurate. Er weiß, wann er wie eingreifen muss – und wann nicht. Unsere Hunde schaffen im Regelfall das Decken ganz ohne unser Zutun

bestens. Wir Menschen sollten einfach nur im Hintergrund parat stehen, um eingreifen zu können, falls etwas Unvorhergesehenes geschieht. Kommt der geplante Deckakt aus irgendwelchen Gründen überhaupt nicht zustande, erzwingen Sie nichts! Versuchen Sie es stattdessen mit Ihrem Deckrüden „zweiter Wahl". Klappt auch das nicht, heißt es, die nächste Läufigkeit abzuwarten.

Leerbleiben

Sie sind voller Vorfreude auf die zu erwartenden Welpen und müssen plötzlich feststellen, dass leider nichts draus wird, denn ihre Hündin ist leer geblieben. Sie hat den Samen des Rüden nicht aufgenommen. Warum?

Auch hierfür gibt es einige Gründe. Den häufigsten haben wir weiter oben bereits genannt: der Deckzeitpunkt hat nicht gestimmt. Ein weiterer Grund sind zu kurze Abstände zwi-

◄ **Wenn ein** *Rüde mit anderen Hunden zusammenlebt, lernt er am besten, wie man sich einer läufigen Hündin gegenüber zu benehmen hat.*

schen den Läufigkeiten. Dadurch gibt es Probleme mit der Einnistung befruchteter Eizellen in der Gebärmutter. Schließlich bleiben als Ursache noch Erkrankungen der Gebärmutter, Infektionen oder ähnliches. Hier hilft nur eine gründliche tierärztliche Untersuchung.

Rüde: vor und während dem Deckakt

Rüde ist nicht gleich Rüde. Einen jungen Draufgänger wird eine erfahrene Hündin solange freundlich, aber bestimmt in die Schranken weisen, bis er begriffen hat, wie er sich korrekt zu verhalten hat. Ein erfahrener Rüde dagegen weiß, worauf es ankommt und verhält sich dementsprechend sicher und souverän.

Deckbereitschaft

Nach wie vor herrscht die Meinung, dass ein Rüde von ganz allein weiß, wie „es" geht. Aber das stimmt so nicht. Richtiges Decken will nämlich gelernt sein! Jungrüden sind häufig zu hektisch und zu hastig. Sie handeln sich dabei nicht nur böse Blicke der Hündin ein, sondern sogar handfeste Scherereien. Manche Rüden haben eine sprichwörtliche „Null-Bock-Einstellung" zu der ganzen Sache, das bezeichnen Züchter als deckfaul. Wieder andere haben eine lange Leitung und stellen sich beim Decken sehr umständlich an. Am besten lernt ein Rüde, wann und wie er sich einer Hündin nähern kann, wenn er mit Hündinnen in einem Rudel zusammenlebt. In einem solchen Rudel kann er bereits als Junghund sowohl von den älteren als auch den jüngeren Hündinnen Rücksichtnahme lernen. Bei Fehlverhalten sagen ihm die Hündinnen sofort und unmissverständlich Bescheid, sodass der Rüde lernt, wann er sich zurückzuhalten hat.
Zum Decken muss ein Rüde unbedingt Selbstsicherheit haben. Dies ist eine der am meisten

GRÜNDE, WARUM EIN RÜDE NICHT (MEHR) DECKEN WILL

▶ Zu früh vorgeführte Hündinnen werden rabiat gegenüber dem Rüden. Dieser will dann nicht mehr decken, weil er weitere Angriffe oder Bisse befürchtet.
▶ Unerfahrene Hündinnen beißen ebenfalls manchmal den Rüden weg.
▶ Die Anwesenheit des Besitzers kann den Rüden irritieren, da der Besitzer der „Rudelchef" ist und als solcher nur er „decken" darf.
▶ Eine geringere Deckbereitschaft ist manchmal zu beobachten, wenn der Rüdenbesitzer ein Mann ist.

unterschätzten Voraussetzungen für erfolgreiches Decken. Sein eigenes Territorium ist für den Rüden ein wesentlicher Bestandteil seiner Selbstsicherheit. Dies ist auch der Grund dafür, dass die Hündin dem Rüden für gewöhnlich auf seinem Territorium vorgeführt wird und nicht umgekehrt.

Probleme des Rüden beim Decken

Woran liegt es dann, dass manche Rüden einfach nicht decken (wollen)? Die häufigsten Gründe hierfür sind psychischer, nicht organischer Natur.
Am besten funktioniert ein Deckakt, wenn sich Hündin und Rüde gut vertragen. Dann geht alles meist „wie von selbst". Hilfreich ist auch, wenn der Deckrüdenbesitzer bereits einige Erfahrung hat. In der Regel herrscht dann eine entspannte Atmosphäre, die beiden Deckpartnern zugutekommt. Seien Sie als Hündinnenbesitzer(in) bitte nicht empört, wenn Sie vom Rüdenbesitzer weggeschickt werden. Bei Hündinnen kommt es nämlich häufig vor, dass sie sich schwieriger bis gar nicht decken lassen, wenn deren Besitzer die ganze Zeit mehr oder weniger nervös um sie herumturnt.

Werbung und Deckakt

Zunächst lässt man Hündin und Rüde sich näher kennenlernen. Ein erfahrener Rüde merkt gleich, ob die Hündin schon soweit ist oder ob er erst noch ein bisschen flirten muss. Dann wird er die Auserwählte umwerben, indem er mit ihr spielt, ihr die Öhrchen leckt, sie immer wieder mal mit der Pfote anstupst. Er wird sie im Gesicht und an den Flanken beschnüffeln, mit dem Schwanz wedeln und seinen Kopf auf ihren Rücken legen. Ist die Hündin soweit, legt sie die Rute beiseite. Dies ist die Aufforderung für den Rüden, jetzt „loszulegen". Ein erfahrener Rüde lässt sich nicht lange bitten. Er wird auf die Hündin aufreiten, sie mit den Vorderläufen an den Flanken fest umklammern, mit heftigen Beckenbewegungen in sie eindringen und sein Sperma abgeben.

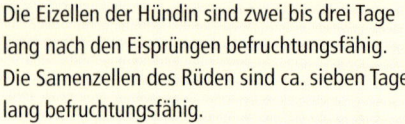

HÄTTEN SIE'S GEWUSST?

Die Eizellen der Hündin sind zwei bis drei Tage lang nach den Eisprüngen befruchtungsfähig. Die Samenzellen des Rüden sind ca. sieben Tage lang befruchtungsfähig.

Unmittelbar nach dem Deckakt steigt der Rüde mit den Vorderläufen seitlich von der Hündin ab und dreht sich so, dass beide Hunde Becken an Becken stehen. In dieser Position verharren die Tiere im Schnitt zwischen wenigen Minuten und einer Stunde. Dies ist das sogenannte „Hängen". In dieser Zeit gibt der Rüde spermienarmes Prostatasekret ab, mit dem die Samenzellen in die Gebärmutter gespült werden.

Nach dem Hängen lecken sich beide Deckpartner ihre Genitalregion sauber. Meist sind die Tiere danach müde und machen ein Schläfchen. Ein zweiter Deckversuch kann nach 24 bis 48 Stunden unternommen werden. Wenn die Hündin dies zulässt, prima. Wenn nicht, ist es auch gut,

denn einmaliges Decken mit Hängen führt in der Regel zum Erfolg.

Vaginalabstrich, Präputialabstrich

Besitzer von Deckrüden verlangen fast immer, dass die Hündin vor dem Deckakt bakteriologisch untersucht wird. Sie wollen damit sichergehen, dass sie keine Krankheiten übertragen kann. Dies erfolgt mittels eines Vaginalabstrichs. Ihr Deckrüde allerdings ist zumeist von dieser Forderung ausgenommen.

Dazu ist Folgendes zu sagen: Die bei einer gesunden Hündin vorgefundenen Keime und Bakterien im Genitaltrakt sind identisch mit denen eines gesunden Rüden. Die Übertragung von Keimen, die bei jedem Deckakt stattfindet, wirkt sich in der Mehrzahl der Fälle nicht negativ auf die beiden Deckpartner aus, eben weil die Bakterienflora sowohl bei der Hündin als auch beim Rüden identisch ist. Ein aktiver Deckrüde allerdings, der einmal pro Woche deckt, sollte regelmäßig bakteriologisch untersucht werden, da hier das Risiko einer Infektion für die Hündinnen relativ hoch ist. Antibiotika sollten nur gegeben werden, wenn tatsächliche klinische Symptome bzw. Erkrankungen vorliegen, und nicht prophylaktisch. Die Antibiotikagabe bringt die natürliche Bakterienflora im Genitaltrakt aus dem Gleichgewicht. Anders sieht es aus, wenn pathologische Keime in der bakteriellen Untersuchung tatsächlich nachgewiesen werden. Dann gibt man Antibiotika, aber nur nach Antibiogramm.

Sind Sie sich unsicher, ob Ihre Hündin im Genitaltrakt gesund ist, lassen Sie sie untersuchen. Verlangt der Deckrüdenbesitzer den tierärztlichen Nachweis einer bakteriologischen Untersuchung, so können Sie von ihm dieselbe Untersuchung seines Rüden verlangen (Präputialabstrich).

Entwurmung und Impfung

Welche Maßnahmen sollten vor dem Deckakt zur Entwurmung und Impfung bei der Hündin ergriffen werden? Wurmlarven werden vor der Geburt und mit der Muttermilch auf die Welpen

▶ **Für Welpen** von geimpften und entwurmten Hündinnen sind die Voraussetzungen für einen guten Start ins Leben um ein Vielfaches besser.

übertragen. Die Übertragung von Würmern bzw. Wurmlarven auf die Welpen kann deutlich reduziert werden, wenn die Mutterhündin vor der Trächtigkeit regelmäßig, das heißt drei bis vier Mal pro Jahr, entwurmt wird. In solchen Fällen würde ich von einer Wurmkur während der Trächtigkeit absehen.

Wie oft ein Tier tatsächlich entwurmt werden sollte, hängt von verschiedenen Faktoren ab. Ein Yorkshire Terrier, der viel von den Besitzern herumgetragen wird, hat ein ganz anderes Risiko für Wurmbefall als ein jagdlich geführter Kleiner Münsterländer, der täglich in Wald, Wiesen und Seen unterwegs ist. Fragen Sie am besten Ihren

Tierarzt! Weitere Informationen hierzu gibt ESCCAP heraus, eine Vereinigung von Veterinärparasitologen (siehe unter Adressen).

Wird die Hündin regelmäßig jährlich geimpft, ist keine zusätzliche Impfung erforderlich. Eine Impfung zwei Wochen vor dem Deckakt, also zu Beginn der Läufigkeit, führt zu einem hohen Antikörperspiegel bei der Hündin. Je höher deren Antikörperspiegel (der sogenannte Titer) ist, umso mehr Antikörper werden an die Welpen abgegeben. Je mehr Antikörper die Welpen besitzen, umso länger sind sie vor Infektionen geschützt. Impfungen während der Trächtigkeit sind grundsätzlich abzulehnen.

▶ **Ob eine** Hündin immer eher große oder eher kleine Würfe zur Welt bringt, ist vermutlich genetisch bedingt.

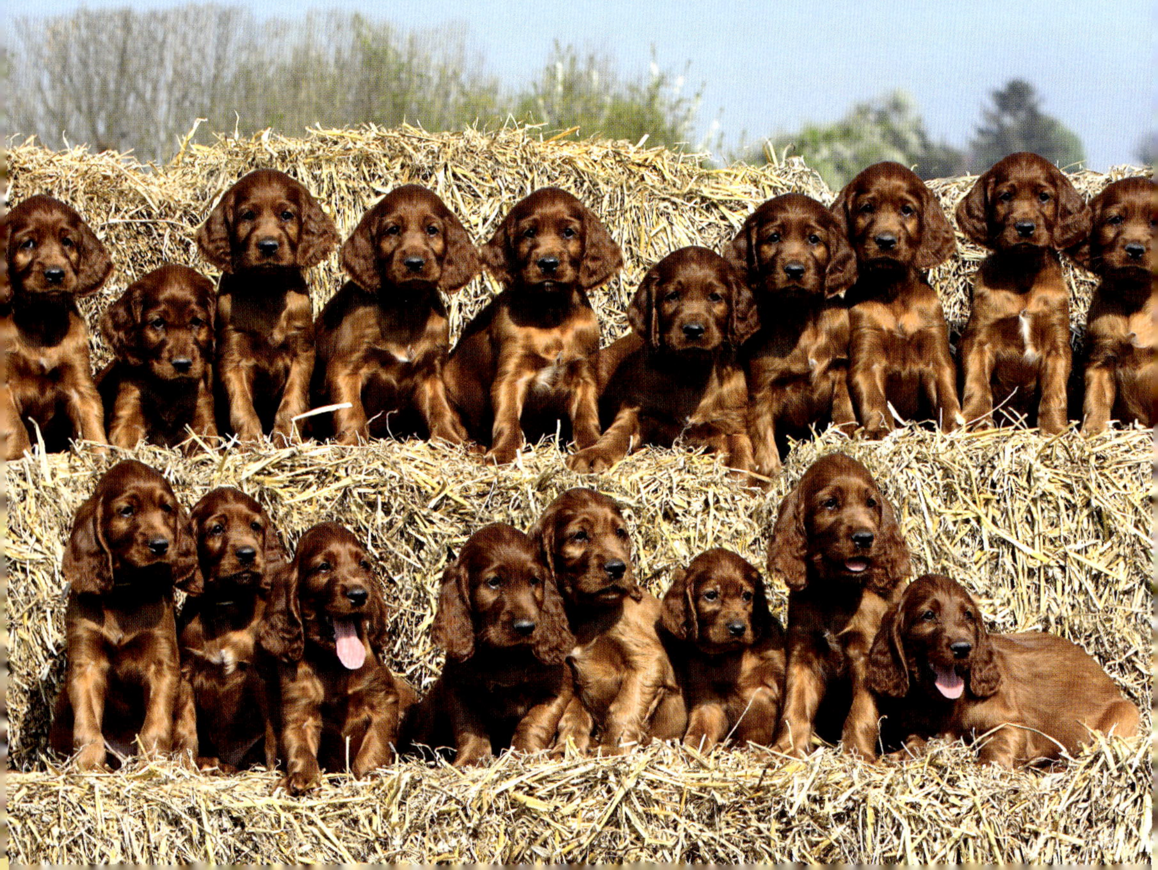

Aus zwei **mach viele**

*Das beste Hundemädchen der Welt ist guter Hoffnung –
und wir gleich mit! Was wäre unser Leben ohne Hundebabys?*

Trächtigkeit

Sie sind der glücklichste Mensch der Welt,
denn das beste Hundemädchen der Welt
ist trächtig! Rein äußerlich betrachtet, sieht
man in den ersten zwei bis drei Wochen nichts
davon. Nutzen Sie Ihre Vorfreude und beobachten Sie Ihre Hündin. Ist es Ihr erster Wurf,
schreiben Sie ein Tagebuch. Notieren Sie alles,
was Ihnen an Ihrer Hündin auffällt: Aussehen,
Verhalten, Fressgewohnheiten, allgemeine Veränderungen. Ein solches Tagebuch ist eine wertvolle
Fundgrube an Wissen, auf das man bei weiteren
Würfen gerne zurückgreift.

Trächtigkeitsdauer

Nun beginnt das lange Warten: Gerechnet ab
dem Decktag beträgt die Trächtigkeit 63 Tage
plus/minus vier Tage, wobei der Decktag bereits
als Trächtigkeitstag Nummer eins zählt. Wie
merken Sie nun als Besitzer, dass Ihre Hündin
tatsächlich trächtig ist? Das hängt von der Hündin ab. Es gibt Hündinnen, die sich in ihrem
Verhalten überhaupt nicht verändern. Anderen
Hündinnen merkt man relativ schnell an, dass sie
trächtig sind: Sie schlafen viel, werden anhänglicher und ruhiger.

Körperliche Anzeichen für eine Trächtigkeit
zeigen sich erst nach etwa zwei bis drei Wochen.
Die hintersten Zitzen sind etwas vergrößert und
färben sich intensiv rosa. Der Körperumfang
hat sich bis dahin noch nicht wirklich verändert.
Dies geschieht etwa ab der fünften Woche. Gegen
Ende der Trächtigkeit sind die Milchdrüsen
angeschwollen und sondern oftmals bereits etwas
Milch ab.
Aus Welpensicht ist die zweite Hälfte der Trächtigkeit besonders wichtig: Jetzt legen sich die
Welpen zusätzliche Energiereserven zu, die für
eine höhere Überlebensfähigkeit nach der Geburt
ausschlaggebend sind.

Ultraschall zur Trächtigkeits-feststellung

Eine eindeutige Methode zur Feststellung der
Trächtigkeit ist der Ultraschall. Zwischen dem 21.
und 28. Trächtigkeitstag ist die beste Gelegenheit
dafür. Man erkennt dann einzelne Fruchtblasen,
in denen sich die Embryos entwickeln.

Normal verlaufende Trächtigkeit

Wie bei uns Menschen auch ist eine Trächtigkeit
keine Krankheit, sondern ein vorübergehender
Zustand. Das heißt, das Leben mit einer trächtigen Hündin geht genauso weiter wie zuvor.

Es werden dieselben ausgiebigen Spaziergänge gemacht wie vorher. Die Hündin wird nicht in Watte gepackt und rund um die Uhr verhätschelt, sondern ganz normal behandelt wie bisher auch. Die einzige Einschränkung, die wir bei unseren Hündinnen gemacht haben – sehr zu deren Leidwesen! – war das Schwimmen in Seen und Bächen. Grundsätzlich ist gegen Schwimmen und Wasser nichts einzuwenden. Wir haben dennoch davon abgesehen, weil wir keine Infektion durch Bakterien im Gewässer riskieren wollten.

Gegen Ende der Trächtigkeit, wenn der Leib der Hündin richtig groß und breit geworden ist, kürzt man die Spaziergänge entsprechend. Achten Sie darauf, was Ihre Hündin will, sie wird es Ihnen deutlich anzeigen. Bei unseren Hündinnen sah das so aus: In den zwei letzten Trächtigkeitswochen haben sie einfach eigenhändig unsere Ausflüge beendet, indem sie kurzerhand umgedreht und wieder zurück gelaufen sind. Da gab es keine Diskussion, die Hündin ist schnurstracks nach Hause marschiert und wir hinterher. Ebenfalls in den letzten beiden Trächtigkeitswochen werden die meisten Hündinnen sehr anhänglich. Unsere Hündinnen sind uns auf Schritt und Tritt im Haus gefolgt, egal ob Bad, Dusche, WC, Keller – sie waren unsere Schatten auf vier Beinen, die sich durch nichts haben abschütteln lassen.

Das ist ein ganz normales Verhalten, besonders bei erstgebärenden Hündinnen. Sie suchen vermehrt Sicherheit bei ihrem Lieblingsmenschen, weil sie instinktiv spüren, dass sie von ihm Hilfe

erwarten können, für das, was jetzt kommt und was sie noch nicht kennen. Jetzt dürfen Sie Ihr Mädchen auch ein bisschen verwöhnen – endlich!

Aus Erfahrung kann ich Ihnen nur raten, in diesen letzten beiden Wochen unmittelbar neben Ihrer Hündin zu schlafen. Oder lassen Sie sie mit Ihnen zusammen in Ihrem Bett oder im Wurfzimmer auf Ihrem Sofa oder Ihrer Couch nächtigen, damit Sie sofort wach sind, sollte etwas passieren: Plötzlicher Fruchtwasserabgang, zu früh einsetzende Geburt usw. Dieses permanente Beisammensein hat schon Leben gerettet.

Ernährung während der Trächtigkeit

Bis zum Ende der vierten Trächtigkeitswoche behält man am besten die bislang gegebenen Rationen bei. Erhöhen Sie die Futtermenge bitte nicht gleich von Anfang an, das führt sehr schnell zu Übergewicht. Optimalerweise sollte das Gewicht der Hündin kurz vor der Geburt 120-125 % des Normalgewichts betragen und 105-110 % nach dem Werfen.

Der Nährstoff- und Energiebedarf der Hündin steigt erst ab der fünften Trächtigkeitswoche an – dann nämlich, wenn die Welpen mit dem Wachstum richtig loslegen. Um diesem erhöhten Bedarf gerecht zu werden, verwenden Sie ab der fünften Woche am besten ein hochwertiges Futter für laktierende (säugende) Hündinnen mit einer hohen Energiedichte oder einfach Welpenfutter. Ziel ist es, die Energiezufuhr um das 1,3- bis 1,5-fache der normalen Energiezufuhr zu steigern. Achten

Sie darauf, das neue Futter über mehrere Tage hinweg nach und nach einzuführen, um keine Durchfälle zu riskieren. Verteilen Sie gegen Ende der Trächtigkeit die Gesamttagesration auf mehrere kleinere Mahlzeiten. Das entlastet den Verdauungstrakt der Hündin, der durch die Welpen ohnehin etwas beengt ist.

Manche Hündinnen lassen die letzten Tage vor der Geburt in ihrem Appetit nach. Andere wiederum sind bis unmittelbar vor der Geburt regelrechte „Fressmaschinen". So oder so: Sehen Sie auch jetzt von Fütterungsexperimenten ab, um keine Magenverstimmung zu riskieren.

Der Verwertbarkeit und Verdaulichkeit des Futters kommt eine besondere Bedeutung zu. Ein spezielles Alleinfuttermittel für trächtige bzw. laktierende Hündinnen ist bestens zur Bedarfsdeckung geeignet. Es enthält sämtliche Nährstoffe im richtigen Verhältnis zueinander. Verwenden Sie keine Zusatzstoffe wie Vitamin- oder Mineralstoffpräparate, wenn Sie ein solches Alleinfuttermittel füttern, sonst gerät das Nährstoffgleichgewicht durcheinander.

Vielleicht haben Sie selbst schon gemerkt, dass es in puncto Ernährung so viele Experten wie Meinungen gibt: Da sind die Verfechter der

▼ Soviel Energie braucht unsere Hündin (in MJ uE*/Tag)

Körpergewicht in kg	Ab 5. Trächtigkeitswoche	Angaben in kcal (1 MJ = 239 kcal)	Laktation	Angaben in kcal (1 MJ = 239 kcal)
10 kg	4,1	979	7,7	1839
35 kg	11,8	2818	24,2	5780

* nach H. Meyer/J. Zentek (6. Auflage 2010): Ernährung des Hundes. Enke Verlag, Stuttgart

▼ Soviel Futter braucht unsere Hündin* (Umrechnungsbeispiele)

Handelsname	Angaben in kcal pro 100 g Trocken-substanz	Angaben in kJ pro 100 g Trockensub-stanz	Umrechnung in MJ pro 100 g Trocken-substanz (x kJ x 0,001 MJ)
Royal Canin Starter	430	1799	
Science Plan Puppy Large Breed	–	1620	
Meradog reference High Premium	–	1640	
Bozita Robur Performance	–	1632	
Magnusson Meat & Biscuit Junior	–	1493	
Vet-Concept Young Pack	–	1902	
Josera High Energy	–	–	

* (5. Woche – Ende der Trächtigkeit, Menge um 25–50% ansteigend)

(Stand: 1. März 2010)
kcal = Kilokalorien
kJ = Kilojoule
MJ = Megajoule

UMRECHNUNGSWERTE VON ENERGIEEINHEITEN

▶ 1 kcal (Kilokalorie) = 4,184 kJ
▶ 1000 kcal (Kilokalorien) = 4,184 MJ
▶ 1 kJ (Kilojoule) = 0,001 MJ
▶ 1 kJ (Kilojoule) = 0,2388 kcal
▶ 1 MJ (Megajoule) = 239 kcal

Alleinfuttermittel, dem gegenüber stehen die Anhänger der Frischfütterung. Die ideologischen Grabenkämpfe zu diesem Thema werden erbittert geführt und meist wird das Kind mit dem Bade ausgeschüttet. Ihnen als Einsteiger würde ich raten, für die Trächtigkeit, das Säugen und die Aufzucht des ersten Wurfes ein industrielles Alleinfuttermittel einzusetzen. So sehr man die industriellen Futtermittel auch verteufeln mag – in ihrer Nährstoffzusammensetzung im richtigen Verhältnis zueinander schneiden sie sehr gut ab.

Anhaltspunkte für die ungefähre Berechnung der Energiemenge, die Ihre trächtige Hündin benötigt, liefert obige Tabelle.
Zur Berechnung der ungefähren Futtermenge (immer in Trockensubstanz gerechnet!), die Ihre Hündin im letzten Drittel der Trächtigkeit und während der Laktation benötigt, suchen Sie auf den Futtermitteletiketten nach den Angaben zur Energie. Diese lauten entweder kcal/100 g oder kJ/100 g oder, am einfachsten, gleich MJ/100 g. Dies ist je nach Futtermittelhersteller unterschiedlich.
Auf Grundlage der Angaben bzw. Umrechnung in MJ können Sie ermitteln, wie viel verwertbare Energie ein bestimmtes Futtermittel enthält und welche Menge in Gramm Sie davon – abhängig vom Grundgewicht Ihrer Hündin – verfüttern können.

...ebnis in MJ pro g Trockensub-...z	Bedarf in der 5. Trächtigkeitswoche bei 35 kg KG pro Tag	Bedarf während der Laktation bei 35 kg KG pro Tag	Bedarf in der 5. Trächtigkeitswoche bei 10 kg KG pro Tag	Bedarf während der Laktation bei 10 kg KG pro Tag
1,799	11,8 MJ = 655 g	24,2 MJ = 1345 g	4,1 MJ = 228 g	7,7 MJ = 428 g
1,620	11,8 MJ = 728 g	24,2 MJ = 1494 g	4,1 MJ = 253 g	7,7 MJ = 475 g
1,640	11,8 MJ = 720 g	24,2 MJ = 1475 g	4,1 MJ = 250 g	7,7 MJ = 470 g
1,632	11,8 MJ = 723 g	24,2 MJ = 1482 g	4,1 MJ = 251 g	7,7 MJ = 472 g
1,493	11,8 MJ = 790 g	24,2 MJ = 1620 g	4,1 MJ = 275 g	7,7 MJ = 515 g
1,902	11,8 MJ = 620 g	24,2 MJ = 1272 g	4,1 MJ = 275 g	7,7 MJ = 405 g
1,780	11,8 MJ = 663 g	24,2 MJ = 1360 g	4,1 MJ = 230 g	7,7 MJ = 433 g

KG = Körpergewicht
g = Gramm

Komplikationen während der Trächtigkeit

In der Regel verlaufen die meisten Trächtigkeiten problemlos. Bei bestimmten kurznasigen (brachyzephalen) Rassen wie beispielsweise der Französischen Bulldogge oder dem Mops sind inzwischen allerdings Komplikationen vorprogrammiert: Bei diesen Hunden kommen die Welpen nahezu ausschließlich per Kaiserschnitt zur Welt.

Ein Ultraschall vor der Geburt verschafft Klarheit darüber, wie viele Föten genau die Hündin trägt. So weiß man, mit wie vielen Welpen bei der Geburt bzw. dem Kaiserschnitt zu rechnen ist. Auch ein zu großer Einzelwelpe wird mit dem Ultraschall entdeckt. So können Sie sich gemeinsam mit Ihrem Tierarzt bereits auf den unvermeidlichen Kaiserschnitt vorbereiten.

SO RECHNEN SIE ENERGIE-BEDARF IN FUTTERMENGE UM
(MJ in g Trockenfutter)

100 g Futter = 1,799 MJ
Bedarf in der Trächtigkeit pro Tag = 11,8 MJ
(am Beispiel eines Hundes von 35 kg Gewicht):

$$\frac{100 \times 11,8 \text{ MJ}}{1,799 \text{ MJ}}$$

Ergebnis: 11,8 MJ = 655 Gramm.

Resorption der Welpen

Oftmals werden, quasi als Regulativ der Natur, Embryonen vom Gewebe der Hündin wieder resorbiert. Das bedeutet, dass die Föten absterben und vom Organismus der Mutter wieder aufgenommen werden. Die Ursachen hierfür können hormonelle Störungen, ein Trauma (Unfall),

Ursache	Folge
Vitaminmangel, Energiedefizite in den ersten drei Wochen	Absterben oder Missbildungen der Embryonen
Kalziummangel	Eklampsie der Hündin
Übergroße Welpen	Kaiserschnitt
Missgebildete Welpen	Hindernis für nachfolgende Welpen
Übergangene Geburt	Welpen sterben intrauterin ab
Bei brachyzephalen Rassen Missverhältnis zwischen Kopf des Welpen und mütterlichem Becken	Kaiserschnitt

Fehlbildung des Welpen oder Infektionen sein. In der Regel verläuft eine solche Resorption unauffällig und unsichtbar. Manchmal kann man auf dem Ultraschall zur Trächtigkeitsdiagnose eine solche Resorption erkennen – das ist dann aber ein Zufallsbefund.

Wurfgröße

Die Wurfgröße ist sehr wahrscheinlich genetisch bedingt. Somit bestimmen die Anlagen der Hündin und nicht die des Deckrüden, wie viele Welpen es geben wird. Hat eine Hündin einen großen Wurf, wird sie sehr wahrscheinlich immer große Würfe bringen. Dasselbe Schema gilt für kleine Würfe. Die Vererbbarkeit der Wurfgröße an die Töchter ist jedoch relativ gering.

Je älter eine Hündin wird und je mehr Würfe sie hatte, umso mehr lernen wir über ihr Zuchtpotential und folglich über die Qualität ihrer Würfe.

Geburt

Unser bestes Hundemädchen der Welt wird immer runder und umfangreicher, die Spaziergänge immer kürzer. Alles wird anstrengender, oft sogar das Fressen. Die letzte Woche der Trächtigkeit hat begonnen. Nun wird es Zeit, die letzten Vorbereitungen zu treffen. Die Wurfkiste steht bereit und ist komplett ausgestattet. Sämtliche Utensilien (siehe Sei-

te 47) sowie Geburts- und Gewichtsprotokoll plus Kugelschreiber liegen parat. Ihr Tierarzt ist vorgewarnt und hat seine Unterstützung zugesagt – auch nachts, für den Notfall. Ganz wichtig: ihr zweiter menschlicher Geburtshelfer steht ebenfalls in den Startlöchern. Dieser wird im Falle einer Notoperation (Kaiserschnitt) unverzichtbar. Vergessen Sie außerdem nicht, eine lichtstarke Taschenlampe bereitzulegen. Falls Ihre Hündin draußen ihr Geschäft machen muss, kann dabei durchaus schon mal gleichzeitig ein Welpe zur Welt kommen. Dann hilft so eine Taschenlampe ungemein.

Ihr Auto ist vollgetankt, der Großeinkauf für die nächsten beiden Wochen ist ebenfalls getätigt. Alle wichtigen Termine sind auf drei Wochen nach der Geburt verlegt worden oder bereits erledigt. Jetzt kann es losgehen!

Vor der Geburt

In den letzten Tagen vor der Geburt wird die Hündin sehr unruhig. Sie geht in ihre Wurfkiste, scharrt darin herum, untersucht alles genau und ist insgesamt nervös. Die Anhänglichkeit Ihrer Hündin an Sie kennt nun keine Grenzen mehr. Sie leckt sich häufig an der Vulva. Vielen Hündinnen vergeht in dieser Phase der Appetit.

Ab dem 57. Tag der Trächtigkeit messen Sie nun bei Ihrer Hündin jeden Tag morgens und abends die Temperatur (rektal). Die Geburt kündigt sich

▲ *Jetzt dauert* es nicht mehr lange!

durch einen abrupten Temperaturabfall an: Von regulären 38 °C auf unter 37,2 °C. Dieser Abfall ist ein sicheres Zeichen dafür, dass die Geburt innerhalb der nächsten 24 Stunden beginnt. Oftmals setzen Hündinnen ein transparentes, gelartiges Häufchen ab. Dies ist ein weiteres Zeichen dafür, dass die Geburt näher rückt. Die gesamte, sogenannte Eröffnungsphase kann – besonders bei Erstlingshündinnen – von sechs bis zu 36 Stunden dauern.

Ein weiteres sicheres Zeichen, dass es nun nicht mehr lange dauert, sind die Wehen, die sich als Hecheln äußern. Ihre Hündin hechelt nun immer wieder in bestimmten Abständen – äußerlich sichtbar sind die Wehen jedoch nicht. Sie will nun immer öfter ins Freie, kleines Geschäft, großes Geschäft, auch während der Nacht. Gehen Sie mit ihr immer nur an der Leine in den Garten – vor allem nachts! Bleiben Sie nun unbedingt ständig bei Ihrer Hündin. Bei manchen dauert es noch

eine ganze Weile, bis der erste Welpe kommt, bei anderen kann es plötzlich sehr schnell gehen.

Normale Geburt

Lassen Sie Ihre Hündin selbst entscheiden, wo genau nun sie ihre Welpen zur Welt bringen will. Eine unserer Hündinnen fand die Wurfkiste völlig uninteressant. Stattdessen rannte sie hinaus auf unseren großen Balkon, vermutlich in der Annahme, sie müsste ein „Riesengeschäft" machen. Dies kommt bei Erstgebärenden übrigens öfter vor: sie wollen dringend raus, weil sie ihren Haufen nicht in die Wohnung setzen wollen. Unsere Hündin war durch nichts zu bewegen, in die Wohnung zurückzugehen. Also froren wir alle eine Weile auf dem Balkon, es war natürlich Winter, bis sie den ersten Welpen dort zur Welt brachte. Welpe Nummer zwei durfte ebenfalls den Balkon erleben, Welpe Nummer drei und vier kamen „versehentlich" in der Wurfkiste zur Welt, da sie nicht schnell genug aus der Kiste kam um auf den Balkon zu laufen. Welpe Nummer fünf kam irgendwo zwischen Sofa und Tisch auf die Welt und der letzte, Nummer sechs, nach einem Päuschen ganz plötzlich auf dem Sofa. Machen Sie ruhig (fast) alles mit. Außer, Ihre Hündin verkriecht sich in der absolut hintersten Ecke, wo Sie nicht mehr rankommen. Und denken Sie an die Krankenhausunterlagen, sie sind ungeheuer praktisch.

Wehen und Austreibung

Im Laufe der Wehentätigkeit verlagert sich der Bauch der Hündin etwas nach hinten. In der Regel wird er dann hart wie eine Trommel. Achten Sie auf die Kontraktionen der Bauchmuskeln Ihrer Hündin. Sie erkennen diese daran, dass ihre Flanken zittern und die Kontraktionen wellenförmig über ihren Leib verlaufen. Das ist die sogenannte Bauchpresse, damit beginnt die Austreibungsphase. Jetzt kann auch schon Fruchtwasser austreten. Nun ist es soweit: Der erste Welpe in der Fruchtblase wird sichtbar! Er wird herausgepresst, die Hündin beißt die Fruchthülle auf, leckt den Welpen trocken und kaut mit den Zähnen die Nabelschnur durch, die den Welpen mit der Plazenta verbindet. Das ist der Ideal- oder Normalfall.

Die Nabelschnur

Achten Sie darauf, dass Ihre Hündin die Nabelschnur nicht zu dicht am Bauch des Welpen abkaut, denn dabei kann sie sehr schnell ungewollt die Bauchdecke des Welpen aufreißen. Bleiben Sie also besonders bei einer unerfahrenen Hündin immer dabei, im Zweifelsfall halten Sie Ihrer Hündin die Nabelschnur so hin, dass sie sie an einer von Ihnen vorbestimmten Stelle durchtrennen kann. Das sorgfältige Abbinden übernehmen Sie.

Sollte dennoch einmal die Nabelschnur sehr kurz abgerissen sein, rufen Sie sofort den Tierarzt, denn Nabelinfektionen können tödlich sein.

Geburtsdauer (Normalfall)

Verläuft die Geburt normal, kommen alle anderen Welpen ebenso zur Welt wie geschildert. Meistens gibt es zwischen Welpe Nummer eins und zwei einen größeren Zeitabstand, etwa zwei Stunden. Alle weiteren kommen relativ flott im Abstand von etwa 30 Minuten zur Welt. Vor dem letzten Welpen legt die Hündin meist nochmals

▶ **Der Ultraschall** hat es gezeigt: Ihre Hündin ist trächtig!

▼ Geburtsausstattung

Utensilien	Verwendung	Kosten in Euro
Ausrangierte Handtücher (oder neue Billighandtücher), kochfest	Zum Trockenreiben der Welpen nach der Geburt	0,– bis 1,50 / Stück
Krankenhausunterlagen, „Vet-Beds", alte Bettlaken (kochfest)	Zum Auslegen der Wurfkiste und während der Geburt	sehr unterschiedlich
Digitalwaage	Zur Ermittlung des Geburtsgewichts und zum täglichen Wiegen in der Zeit danach	130,–
Digitales Veterinärthermometer	Zur Temperaturmessung bei der Hündin	8,–
Wärmfläschchen (2 Stück)	Zum Auslegen in der Wurfkiste während der Nacht (bei Bedarf) und für die Transportkiste (z. B. Tierarztbesuch)	7,– / Stück
Flache Transportbox (aus transparentem Kunststoff, Baumarkt)	Zum Transport der Welpen (nach einem Kaiserschnitt, zur Untersuchung der Hündin beim Tierarzt usw.)	10,–
Verschiedenfarbiger Nagellack (10 Farben)	Zum Kennzeichnen der Welpen	1,95 / Stück
Nabelklemmen (8 – 10 Stück)	Zum Abklemmen der Nabelschnur unmittelbar nach der Geburt	10,– / Stück
Ungewachste Zahnseide oder Kabelbinder	Zum Abbinden der Nabelschnur nach dem Abklemmen	1,35
Welpenmilchpulver, 2 kg	Zur Fütterung mutterloser Welpen oder Welpen, deren Mutter zu wenig Milch hat, zur Entwöhnung von der Mutter	20,–
Babyfläschchen mit Saugern (2 Stück)	Zur Fütterung mutterloser Welpen oder Welpen, deren Mutter zu wenig Milch hat	2,50 / Stück
Rotlichtlampe (Infrarotlichtstrahler) inklusive Birne. Alternativ: Wärmebett	Zur Aufrechterhaltung einer konstanten Temperatur in der Wurfkiste z. B. bei eher klein ausgefallenen Welpen, Kaiserschnitt-Welpen. Die Rotlichtlampe nur im Notfall und mit Bedacht einsetzen!	22,–
Lichtstarke Taschenlampe	Für stockfinstere Nächte, die Sie mit Ihrer trächtigen oder gebärenden Hündin im Garten verbringen	30,–

GRÜNES FRUCHTWASSER

In der Regel ist das bei der Geburt des ersten Welpen austretende Fruchtwasser klar. Im Laufe der Geburt kann das Fruchtwasser grünlich werden. Die grüne Farbe wird durch die Abbauprodukte des Hämoglobins hervorgerufen, die durch die Ablösung der Plazenten in der Gebärmutter entstehen. Geht bei der Hündin grünliches Fruchtwasser ab, sollte innerhalb von 30 Minuten nach dem Fruchtwasserabgang auch ein Welpe zur Welt kommen. Ist dies nicht der Fall, rufen Sie sofort den Tierarzt. Grünliches übelriechendes Fruchtwasser ist ebenfalls ein Fall für den Tierarzt. Grünlichschwärzliches Fruchtwasser kann ein Indiz dafür sein, dass sich ein toter Welpe in der Gebärmutter befindet.

Sieht man, dass der nächste Welpe geburtstechnisch „im Anmarsch" ist, nimmt man alle bereits vorhandenen Welpen von den Zitzen ab und verfrachtet sie in die ständig parat stehende Transportbox. Diese sollte mit Polstern, Handtüchern, Wärmfläschchen und einem größeren Handtuch zum Abdecken ausgestattet sein. Lautstarke Proteste werden die Folge sein, aber da müssen die Kleinen nun mal durch. Ist dann der nächste Kollege ebenfalls glücklich auf unserer Erde angekommen, darf die ganze Mannschaft wieder zurück an die „Milchbar" der Mutter. Und so weiter und so fort, bis die Familie komplett ist.

Wohin mit den anderen Hunden während der Geburt?

Die übrige Hundemeute ist natürlich brennend interessiert, was denn da nun los ist. Wir haben es immer so gehalten, dass wir die anderen Vierbeiner für die Dauer der Geburt vorübergehend in einen großen Wohnraum gebracht und sie

eine längere Pause von ein bis zwei Stunden ein. Die Gesamtdauer der Geburt sollte 24 Stunden nicht überschreiten!

Wechseln Sie während der Geburt immer wieder die Handtücher oder Bettlaken aus bzw. arbeiten Sie am besten gleich mit den überaus praktischen Krankenhausunterlagen. Da müssen Sie hinterher keine großartige Wascharie starten, sondern Sie nehmen die benutzten Unterlagen und werfen sie in einen großen blauen Müllsack.

Sobald ein kleiner neuer Erdenbürger abgeleckt, abgenabelt usw. ist, lässt man ihn sofort in Richtung Zitzen robben. Einfach klasse, wie so eine kleine Handvoll Hund zielsicher den für ihn besten „Zapfhahn" findet! Durch das Saugen der Welpen wird im Körper der Hündin das Hormon Oxytocin freigesetzt. Dies führt dazu, dass die Geburt der restlichen Welpen weitergeht bzw. dass sich nach vollendeter Geburt die Gebärmutter langsam zurückbildet.

▶ *Bei Mama schmeckt's am besten!*

▲ **Beim Milchtritt** drücken die Welpen ihre Pfötchen gegen den Bauch und damit die Milchdrüsen der Hündin.

erst nach vollständiger Geburt an die Tür des Welpenzimmers herangelassen haben. Unser Welpenzimmer ist durch eine massive Holzgittertür abgesichert. Für die Meute war dies „ganz großes Kino": sie saßen einträchtig nebeneinander in Reih und Glied vor dem Gitter und haben geguckt, was in dem Welpenzimmer so vor sich ging, ohne irgendeinen Mucks von sich zu geben. Wir sind nach überstandener Geburt sofort zu unserer täglichen Routine zurückgekehrt und die Hundemutter hat entschieden, wann welcher Hund aus der Truppe welchen Kontakt zu ihr bzw. zu den Welpen haben durfte. In der Regel hat das bei unseren Mädels zwei bis drei Wochen gedauert.

Der vitale Welpe

Gesunde, fitte Welpen versuchen unmittelbar nach der Geburt an die mütterlichen Zitzen zu gelangen. Es ist jedes Mal aufs Neue beeindruckend, wie zielstrebig und energisch diese kleinen Winzlinge vorgehen, obwohl sie gerade mal ein paar Minuten auf der Welt sind! An der Zitze angelangt, drücken die Welpen mit ihren Vordertätzchen abwechselnd auf die Milchdrüse und regen so den Milchfluss an. Das ist der wohlbekannte Milchtritt.

Als vital gilt ein Welpe, wenn er innerhalb von zwei Minuten regelmäßig atmet, Laut gibt und sich bewegt, indem er die mütterliche Zitze sucht.

Die Mutter nach der Geburt

Im Normalfall ist die Mutter nach der Geburt zwar abgekämpft, aber zufrieden. Sie lässt ihre Kleinen saugen und wird oftmals aufstehen, um nach draußen zu gehen. Verschließen Sie jedes Mal die Wurfkiste und begleiten Sie Ihre Hündin

Sinnvolle Medikamente und Homöopathie vor, während und nach der Geburt

▼ **Vor** der Geburt

Substanz	Wirkung und Anwendung
Himbeerblätter	Ein probates Mittel, das effektive Geburtshilfe leistet. Himbeerblätter wirken entspannend auf die Gebärmuttermuskulatur, die Eröffnungswehen sind weniger schmerzhaft und die Presswehen stärker. Man kann die Blätter wilder Himbeeren im Sommer im Wald sammeln und trocknen. Oder man hat Himbeersträucher im eigenen Garten. Himbeerblätter können frisch, als Tee oder getrocknet unter das Futter gegeben werden. Man kann sie bereits ab dem Decktag bis nach der Geburt einsetzen. Für den Tee nimmt man zwei gehäufte Teelöffel feingeschnittene Blätter, überbrüht sie mit 1/4 Liter kochendem Wasser und lässt den Tee fünf Minuten ziehen.
Zylexis 20 ml	3-1 Tag vor der Geburt 1 ml Zur Stimulierung unspezifischer Immunmechanismen (bei der Hündin).
Pulsatilla D 6 (Wiesenküchenschelle)	Täglich 5-10 Tropfen Mit Pulsatilla kann man einer Wehenschwäche vorbeugen. Man fängt ab der 6. Trächtigkeitswoche mit der Gabe an. Zudem regt Pulsatilla die Durchblutung der Gebärmutter an.
Caulophyllum D 6 und Secale cornutum D 6 (Mutterkorn)	Hat Ihre Hündin bereits Wehen gehabt, die dann aussetzen, oder bei längeren Zeitabständen zwischen den einzelnen Welpen (ca. 1 Stunde) gibt man abwechselnd jede Viertelstunde 5-10 Tropfen Caulophyllum D 6 und Secale cornutum D 6 (Mutterkorn), um die Wehentätigkeit wieder anzuregen (entweder direkt ins Maul der Hündin oder auf ein Stück Zwieback). Caulophyllum unterstützt die Wehentätigkeit und bewirkt, dass sich der Muttermund besser öffnet. Secale cornutum regt ebenfalls die Wehentätigkeit an. Caulophyllum gibt es auch als Injektionslösung in der Potenz C 30 unter den Handelsnamen Caulogravisal und Gravidisal. Bei zu erwartender Wehenschwäche Ihrer Hündin (z. B. wenn die Mutter Ihrer Hündin davon betroffen war) oder um einer solchen gleich von vornherein zuvorzukommen, kann der Tierarzt 2 ml dieser Lösung subkutan (unter die Haut) spritzen, wenn die Körpertemperatur der Hündin abfällt.

in den Garten. Sie wird ihr kleines und auch ein großes Geschäft machen. Meist ist ihr Stuhlgang nach der Geburt einige Tage lang dunkel und etwas ungeformt. Das ist völlig normal. Servieren Sie Ihrem Mädchen nach der Geburt eine leicht verdauliche, hochwertige, leckere Mahlzeit – sie wird es sehr zu schätzen wissen! Der Favorit unserer Hündinnen ist gekochtes Hühnchen in selbstgemachter Brühe mit ein paar Suppennudeln drin. Einen Tag später darf es dann gerne auch gekochtes Ei oder Rührei mit Quark oder Frischkäse sein. Wir verfüttern diese Art von Gerichten meist die ersten zwei bis drei Tage nach der Geburt. Und nicht vergessen: stellen Sie immer ausreichend frisches Wasser bereit! Auch wenn unsere Hündinnen ihre Welpen grundsätzlich an „ausgefallenen" Stellen zur Welt bringen, so wird spätestens dann, wenn alle Welpen da sind, unsere Wurfkiste endlich für gut befunden. Meistens marschieren unsere Hün-

▼ **Nach** der Geburt

Substanz	Wirkung und Anwendung
Metrovetsan	3-5 x täglich 5-10 Tropfen ins Futter Metrovetsan sind homöopathische Tropfen, die die Rückbildung der Gebärmutter beschleunigen. Das Präparat wird auch bei verzögerter Reinigung der Gebärmutter eingesetzt.
Belladonna D 6	3 x 1 Dosis (s. u.) jede Stunde Belladonna wird bei beginnender Gesäugeentzündung eingesetzt. Es wirkt krampflösend und entzündungshemmend und ist das Mittel der Wahl bei Fieber. Anfangs gibt man 3 x 5 Tropfen oder 5 Globuli oder 1 Tablette im Abstand von 1 Stunde (Belladonna ist in allen diesen drei Darreichungsformen erhältlich), danach dann dieselbe Dosis 3 x täglich über 5 Tage lang.
Urtica urens D 30 (Kleine Brennnessel)	1 x 1 Tablette Kommt bei der Hündin die Milchproduktion nicht so richtig in die Gänge (z. B. nach Kaiserschnitt), kann man sie mit einer einmaligen Dosis Urtica urens D 30 anregen. Bei zu viel Milch, also einem Milchüberschuss, der trotz der Welpen nicht abnimmt, kann man die Milchproduktion drosseln durch mehrmals tägliche Gabe von Urtica urens in der Potenz D 6 (3-5 x pro Tag je 5 Globuli) oder Phytolacca D1.

▼ **Für** die Welpen

Substanz	Wirkung und Anwendung
5%ige, warme Glukoselösung, 500 ml	Bei Bedarf rasche Energiezufuhr, z. B. wenn der Saugreflex zwar gut vorhanden ist, der Welpe jedoch etwas kleiner (schwächer) ist oder von der Geburt oder dem Kaiserschnitt erschöpft ist (ca. 3-5 ml/100 g Körpergewicht des Welpen)
Betaisadona-Jodlösung (Wirkstoff: Povidon-Iod)	Hervorragend zur Desinfektion von Nabel und Nabelumgebung beim Welpen geeignet. Mit einem Watte-Pad etwas Jodlösung auf Nabel und Nabelumgebung tupfen.
Ringelblumensalbe	Zum Eincremen von Ausschlägen am Bauch der Welpen bei übermäßiger Nabelpflege durch die Mutter (z. B. Einzelwelpe).

Alle Dosierungsangaben beziehen sich auf Hunde von der Größe eines Labrador Retrievers. Bei kleineren Hunden ist die Dosis entsprechend anzupassen. Aus Sicherheitsgründen sollte man das Spritzen von Injektionslösungen dem Tierarzt überlassen.

dinnen zügig in die Wurfkiste, setzen sich rein und schauen uns erwartungsvoll an, frei nach dem Motto „Ja auf, wer bringt mir die Welpen?" Manchmal geht es ihnen nicht schnell genug und sie rennen zwischen Transportbox und Wurfkiste hin und her – bis der ganze Trupp wohlbehalten in der frisch ausgestatteten und sauberen Wurfkiste angekommen ist.

Die Welpen nach der Geburt

Kontrollieren Sie unbedingt jedes Mal, wenn ein Welpe geboren wird, ob die dazugehörige Plazenta (Nachgeburt) ebenfalls herauskommt.

Manchmal kommt nach einem Welpen keine Plazenta hinterher, sondern erst ganz am Schluss, nachdem alle Welpen draußen sind. Zählen Sie also unbedingt alle Nachgeburten – es müssen immer gleich viele wie Welpen sein.
Sehen die Plazenten gut aus, lassen Sie die Hündin einige davon auffressen. Das ist natürliches Verhalten und schadet ihr nicht. Es müssen bei einem Wurf von zehn Welpen vielleicht nicht unbedingt alle zehn Stück sein, aber drei oder vier dürfen es schon sein. Unsere Hündinnen hatten deswegen nie besonders starken oder überhaupt irgendeinen Durchfall, und Schaden haben sie

◀ **Nach der** *anstrengenden Geburt heißt es für die Mutterhündin, Kraft zu tanken.*

durch das Auffressen der Plazenten offensichtlich auch nicht erlitten.

Gründliche Gesundheitskontrolle

Kontrollieren Sie jeden Welpen unmittelbar nach seiner Geburt auf eventuelle Schäden wie Gaumenspalten, fehlende Afteranlage und sonstige Fehl- oder Missbildungen. Kontrollieren und notieren Sie exakt, wie fit sich jeder Welpe unmittelbar nach der Geburt verhält: Atmet er sofort und spontan, gibt er Laute von sich, ist er eher schlapp, muss er womöglich reanimiert werden, wie ist sein Saugreflex usw.? Alle diese Informationen werden in unser vorbereitetes Geburtsprotokoll eingetragen.

Ich kann Ihnen nur empfehlen, ein „Wurftagebuch" zu führen. Darin notieren Sie sämtliche Eindrücke, positive wie negative, zu den Welpen, der Mutterhündin und zum Verhalten und den Reaktionen der übrigen Vierbeiner. Versuchen Sie, sich hierfür von Ihrer ohnehin knappen Zeit noch etwas abzuzwacken – diese Wurftagebücher werden Ihnen, wenn Sie noch viele Würfe machen, wunderbare Nachschlagewerke sein.

Kennzeichnung der Welpen

Wenn alle Welpen die gleiche Fellfarbe haben, ist es sinnvoll, sie zu kennzeichnen. Dies geschieht nach dem Trockenlecken durch die Mutter oder Trockenreiben von uns. Wir verwenden unterschiedliche Nagellackfarben, die wir einfach über dem Rutenansatz punktförmig auftragen und notieren die entsprechende Farbe im Geburts- und Gewichtsprotokoll.

Nachröntgen oder Ultraschall

Für Sie als Einsteiger stellt sich die Frage erst gar nicht, ob Sie nach überstandener Geburt mit Ihrer Hündin zum Nachröntgen fahren sollen. Machen Sie es einfach. Nur so sind Sie absolut sicher, dass kein Welpe oder keine Nachgeburt im Mutterleib verblieben ist. Selbst erfahrene Züchter haben hin und wieder die äußerst bittere Erfahrung machen müssen, dass ihre geliebte Hündin nach der Geburt verstarb, weil noch ein Welpe verblieben war und sie geglaubt hatten, alles wäre bestens und sich die Fahrt zum Tierarzt gespart haben.

Packen Sie alle Welpen in die Transportkiste und verfrachten Sie Mutter samt Welpen ins Auto und fahren Sie zum Tierarzt. Ihr Fahrzeug sollten Sie zuvor gesäubert und mit absolut sauberen frischen Handtüchern und Laken auslegt haben, wo Ihre Hündin sich hinlegen kann. Ich versichere Ihnen, nach dem Röntgen werden Sie glücklich und sehr beruhigt mit der ganzen Mannschaft nach Hause fahren und nun erst richtig anfangen, die kleinen Welpen zu bewundern und zu genießen!

Komplikationen während der Geburt

Wenn die Geburt ganz normal verläuft, Ihre Hündin instinktsicher ist und alles richtig macht, ist ein Eingreifen Ihrerseits nicht nötig. Was aber, wenn nicht alles nach Plan verläuft?

◀ **Alles dran,** *alles gesund? Gleich nach der Geburt werden alle Welpen untersucht und die Ergebnisse schriftlich festgehalten.*

Geburtsprotokoll A-Wurf

Datum: 19. November 2006

Nr.	Rüden	Uhr-zeit	FB vorh.	Plazenta	Saug-reflex	1. Eindruck	Gaumen	Lippe	After	Atem ++/+/+−/−	Gewicht in Gramm
1	blau	13:32	ja	nein *	+	klein, aber fit	o.B.	o.B.	o.B.	++	320
2	rot	15:15	ja	ja	++	gross, kräftig, lang, gutes Fell	o.B.	o.B.	o.B.	+ Absaug.	490
3	weiss	15:24	ja	ja	++	guter Kopf, gutes Fell, kompakt	o.B.	o.B.	o.B.	++	480
4	–	15:50	ja	ja	–	tot geboren, ohne ersichtliche Ursache	–	–	–	–	–
5	orange	16:57	ja	ja	++	kompakt, kräftig, breit, guter Kopf	o.B.	o.B.	o.B.	+ Absaug.	520
6	gelb	17:30	ja	ja	++	nicht so großer Kopf, gutes Fell	o.B.	o.B.	o.B.	++ Absaug.	490

Nr.	Hündinnen	Uhr-zeit	FB vorh.	Plazenta	Saug-reflex	1. Eindruck	Gaumen	Lippe	After	Atem ++/+/+−/−	Gewicht in Gramm
7	rosa	18:40	ja	ja	++	nicht so großer Kopf, kräftig, sehr fit und sehr lebhaft	o.B.	o.B.	o.B.	++ Absaug.	470

* Plazenta von Nr. 1 kam ganz zum Schluss – nach dem letzten Welpen und dessen Plazenta – heraus. Alle Nachgeburten vollständig.

FB vorh. = Fruchtblase vorhanden
o.B. = ohne Befund, alles in Ordnung
Absaug. = mit dem Mund etwas Fruchtwasser abgesaugt
Atem ++ = sofort spontane und regelmäßige Atmung

Atem + = sofort spontane, etwas unregelmäßige Atmung
Atem +− = Atmung vorhanden, aber unregelmäßig und schwach
Atem − = keinerlei Atmung vorhanden

▶ *Kleine Welpen schlafen in den unmöglichsten Positionen – und lassen sich auch durch uns Menschen nicht aus der Ruhe bringen!*

Die nachfolgenden Abschnitte sollen Ihnen dabei helfen, mögliche Probleme und Komplikationen frühzeitig zu erkennen und angemessen darauf zu reagieren. In vielen Fällen ist das sofortige Aufsuchen des Tierarztes angezeigt – zögern Sie also nicht zu lange!

Die Hündin kümmert sich nicht um ihre Welpen

Bei Erstgebärenden ist es häufig so, dass sie zunächst etwas verwirrt dastehen und nicht wissen, was da nun mit ihnen passiert ist. Jetzt sind Sie gefragt: Öffnen Sie ganz schnell die Fruchthülle über der Nase des Welpen mit Daumen und Zeigefinger und schieben Sie sie über den Kopf, damit der Welpe atmen kann. Häufig hat der Welpe noch Fruchtwasser in der Nase oder in den Atemwegen. Verfahren Sie wie unter

„Mund-zu-Mund-Beatmung" und den Folgeschritten beschrieben. Als nächstes massieren Sie mit festem Druck von Daumen und Zeigefinger etwa sechs Zentimeter – ab Bauchnabel des Welpen gerechnet – das Blut in der Nabelschnur vorsichtig in Richtung Welpenbauch und klemmen die Nabelschnur an der jetzt blutfreien Stelle mit der Nabelklemme ab. So werden heftige Blutungen aus der Nabelschnur vermieden. Nehmen Sie nun den Welpen samt Handtuch, Nabelklemme und Plazenta vorsichtig auf dem Bauch liegend in die eine Hand und massieren Sie ihn kräftig, aber vorsichtig, mit der anderen Hand trocken. Danach binden Sie die Nabelschnur mit ungewachster Zahnseide in einem Abstand von etwa zwei bis drei Zentimetern vom Bauchnabel entfernt ab. Erst dann quetschen Sie mit dem Fingernagel die Nabelschnur

hinter der Nabelklemme ab. Ganz zum Schluss lösen Sie nun die Nabelklemme. Zur Sicherheit und zu Ihrer Beruhigung können Sie die Nabelregion mit etwas Jodlösung abtupfen.

Vitale Welpen quieken, grunzen oder geben irgendeinen anderen Laut von sich. Unter Garantie hat Ihre Hündin jetzt begriffen, dass es ihr Baby ist. Sie wird jetzt den Neuankömmling ausgiebig ab- und trockenlecken und ihn trinken lassen. Dabei prägt sie sich den Geruch ihres Welpen ein, an dem sie ihn immer und überall wiedererkennen wird.

Es ist immer wieder erstaunlich, wie die jungen Hundemütter ganz plötzlich sehr zufrieden und glücklich aussehen, obwohl noch mehr von den kleinen Würmchen zur Geburt anstehen.

Der Welpe gibt keinen Laut von sich

Der Welpe ist von der Geburt sehr erschöpft, er hat noch Fruchtwasser in seinen Atemwegen oder sein Atemzentrum ist durch die Narkose seiner Mutter wegen Kaiserschnitt gedämpft. Er erscheint schlapp und bewegungslos. Meist hört man es schnorcheln und gurgeln, wenn man das Ohr an die Brust des Welpen legt – ein sicheres Zeichen für Fruchtwasser in den Atemwegen. Jetzt gilt es, den Welpen zu reanimieren.

Mund-zu-Mund-Beatmung mit Absaugen von Fruchtwasserresten

Nehmen Sie den Welpen auf einem sauberen Handtuch (mit Nabelklemme und Plazenta – beides darf nicht herunterhängen sondern muss ebenfalls auf dem Handtuch liegen) zwischen beide Hände. Mit einer Hand massieren Sie den Welpen kräftig, dann halten Sie ihn mit beiden Händen so, dass Sie direkt sein Gesicht vor Augen haben. Nun stülpen Sie vorsichtig Ihren Mund über sein Schnäuzlein und saugen kurz und nicht zu heftig. Auf diese Art und Weise gelingt

◄ **Wenn eine** Hündin nur einen einzelnen Welpen austrägt, kommt eine Wehenschwäche häufiger vor.

es oft, Fruchtwasserreste aus den Atemwegen herauszusaugen und so die Atmung des Welpen in Schwung zu bringen. Saugen Sie ein paar Mal hintereinander, das ausgesaugte Fruchtwasser spucken Sie aus. Massieren Sie dabei vorsichtig den Brustkorb des Welpen.

Fruchtwasserreste aus den Atemwegen pressen

Halten Sie den kleinen Kerl im Handtuch zwischen Ihren beiden Händen – wie ein Hot Dog im Brötchen. Dabei liegt der Welpe fest (wie immer, auf dem Handtuch) in Brustlage in einer Hand. Mit Ihrer anderen Hand halten Sie ihn gut im Nacken fest und legen gleichzeitig Ihren Zeigefinger auf seine Stirn. Sein Köpfchen ist also zwischen Ihrem Daumen, Zeige- und Mittelfinger sicher fixiert. Nun schwingen Sie den Welpen rasch, aber sehr vorsichtig, in einem weiten Bogen nach unten. Es ist insofern Vorsicht bei dieser Methode geboten, als zu heftige Bewegungen beim Neugeborenen leicht zu Hirnblutungen führen können.

Manchmal genügt es schon, den Welpen kräftig, aber vorsichtig zu massieren und ihn dabei mit dem Kopf nach unten zu halten, damit der Kleine Laut gibt. Zusätzlich kann man noch mit dem Finger vorsichtig sein Mäulchen öffnen.

Bleibt die Massage ohne Wirkung, können Atemstimulanzien (Medikamente) helfen. Der Einsatz sollte jedoch auf schwere Fälle beschränkt und möglichst vom Tierarzt durchgeführt werden. Denn auch hier gilt: Keine Wirkung ohne Nebenwirkung.

Wechseln Sie bei der Reanimation zwischen Fruchtwasserabsaugung, Schwingen und Massage ab, wobei die Massage durchgängig erfolgen sollte. Aus eigener Erfahrung kann ich berichten, dass man die Reanimation – besonders bei Kaiserschnitt-Welpen – unbedingt bis zu zwei

Stunden nach der Geburt (oder der OP) fortsetzen und nicht gleich nach 15 Minuten aufgeben sollte. Das Gefühl, wenn einer der Welpen nach so langer Zeit doch noch seinen ersten Schnaufer tut und dann seine Atmung regelmäßig funktioniert, ist nicht mit Worten zu beschreiben. Geben Sie also niemals vorschnell auf!

Hat man genau kontrolliert, dass die Atemwege der Welpen wirklich frei von Schleim sind und der Welpe atmet dennoch nicht direkt nach der Geburt, hilft oftmals ein „kalter Guss". Hierzu nimmt man den Welpen und zieht ihn zügig nur am Nacken unter einem kalten Wasserstrahl durch. Lautes Protestgeschrei danach ist in solchen Fällen wie Musik in unseren Ohren!

Totgeburt von Föten

Bei Hunden sind Totgeburten von Föten keine Seltenheit. Rechnen Sie daher am besten von Anfang an damit. Kommen während einer Geburt mehrere tote Föten zur Welt, schicken Sie einen oder zwei Föten zur Obduktion ein, um die Todesursache feststellen zu lassen.

Kommt der erste Welpe tot zur Welt, ist es nicht ganz einfach, die Hündin davon zu überzeugen, dass sie ihn mehr oder weniger ignorieren soll. Halten Sie Ihr den toten Welpen kurz hin und nehmen ihn dann sofort wieder weg. Es soll keine Bindung zwischen ihr und dem toten Welpen entstehen. Wickeln Sie den toten Welpen in ein altes, sauberes Handtuch und lagern Sie ihn einstweilen im Kühlen, bis Ihr Tierarzt kommt und ihn abholt. Lenken Sie die Hündin ab, indem Sie in Ihrer Wohnung herumlaufen, damit sie Ihnen folgt. Das Herumlaufen ist außerdem wehenfördernd und spätestens wenn der nächste – hoffentlich lebende! – Welpe da ist, geht es ihr psychisch wieder gut.

Hat die Hündin zuerst mehrere lebende und mittendrin einen toten Welpen geboren, ist alles halb so schlimm. Verfahren Sie genauso wie oben beschrieben. Durch ihre lebenden Welpen wird sie abgelenkt und wird den toten Welpen rasch vergessen.

Wehenschwäche

Bei einer Wehenschwäche stellt die Gebärmutter ihre Kontraktionen ein. Es werden zum Beispiel ein oder zwei Welpen geboren, danach jedoch geht die Geburt nicht mehr weiter. Hat Ihre Hündin nach den ersten Welpen nach zwei Stunden keine Wehen mehr, suchen Sie sofort den Tierarzt auf. Er wird entweder ein wehenförderndes Mittel geben (Oxytocin) oder aber gleich einen Kaiserschnitt vornehmen.

Eine Wehenschwäche kann sich allerdings auch auf Grund von Erschöpfung der Hündin einstellen. Dies kann dann der Fall sein, wenn die Wehen zu schnell aufeinander folgen, sodass die Hündin keine Pausen hat und zudem dabei keine Welpen austreten. Auch bei sehr großen Würfen kann bei der Hündin ein Erschöpfungszustand und als Folge hiervon eine Wehenschwäche eintreten. So oder so: Suchen Sie unverzüglich einen Tierarzt auf. Es gibt Hinweise, dass Wehenschwäche möglicherweise erblich sein kann. Nehmen Sie eine solche Hündin aus der Zucht, um Probleme für die Zukunft zu vermeiden.

Komplikationen bei kurzköpfigen Rassen

Bei den kurzköpfigen (brachyzephalen) Rassen (zum Beispiel Bulldogge, Mops) treten im Vergleich zu anderen Rassen vermehrt Geburtsschwierigkeiten auf. Das liegt daran, dass das mütterliche Becken für die verhältnismäßig großen, sehr runden Köpfe der Welpen zu eng ist. Hündinnen solcher Rassen sind von vornherein Kandidatinnen für einen Kaiserschnitt. Bei einigen Zuchtvereinen hat hier inzwischen ein Umdenken stattgefunden und es wird versucht, mit Linien zu züchten, die selbstständig gebären können.

Aufgrund des für kurzköpfige Rassen typischen verkürzten Oberkiefers haben Hunde solcher Rassen Schwierigkeiten, die Nabelschnur richtig zu fassen zu bekommen und ihre Welpen korrekt abzunabeln. So kann es durchaus geschehen, dass eine Hündin beim Abnabelungsversuch versehentlich die Bauchdecke ihres Welpen verletzt.

▶ *Ob spontane Geburt oder Kaiserschnitt: Beides ist anstrengend für Mutterhündin und Welpen. Schlafen hilft!*

Übertragen von Welpen

Meist kommt ein Übertragen, also zu langes Austragen der Welpen vor, wenn es sich um einen einzelnen Welpen handelt. Die Übertragung eines zu großen Welpen führt häufig zu Wehenschwäche, der Muttermund öffnet sich wenig bis gar nicht. In solchen Fällen ist ein Kaiserschnitt unvermeidlich.

Ein zu großer Einzelwelpe kommt sehr häufig bei kurzköpfigen Rassen vor. Große Rassen bringen meistens große Würfe mit vielen Welpen hervor. Diese Probleme sind ein Paradebeispiel für Sinn oder Unsinn von Rassestandards („zum Wohle der Hunde?").

Kaiserschnitt (Sectio caesarea)

Der häufigste Grund für einen Kaiserschnitt ist eine Wehenschwäche (siehe Kapitel „Wehenschwäche"). Ein Kaiserschnitt ist immer ein Notfall und sollte schnellstmöglich durchgeführt werden. Generell führt Wehenschwäche zu Sauerstoffmangel bei den Welpen. Größte Eile ist geboten, wenn ein Welpe im Geburtskanal feststeckt, da dieser Welpe Fruchtwasser einatmet und stirbt.

Beim Kaiserschnitt wird die Hündin in Narkose gelegt und die Welpen aus der Gebärmutter entnommen. Die Narkosemittel haben eine dämpfende Wirkung auf das Atemzentrum und die Lebensfunktionen der Welpen. Das heißt, hier kommt die Reanimation der Welpen, wie weiter oben beschrieben, zum Einsatz. Je mehr Helfer bei einem Kaiserschnitt vorhanden sind, umso besser: Jeder Helfer bekommt einen Welpen. Zusammen mit den Arzthelferinnen können alle Welpen unter Aufsicht betreut werden. Sobald die Reanimation zum Erfolg geführt hat, werden die Welpen auf ein auf 32 °C vorgewärmtes Wärmebett oder in einen Inkubator gelegt. Zeigen die Welpen das typische Zitzensuchverhal-

ten, kann man dies ausnutzen, indem man ihnen etwas 5%-ige Glukoselösung ins Mäulchen gibt. Nach der Geburt halten die Energiereserven der Welpen maximal sechs bis acht Stunden lang vor. Wenn Sie bereits wissen, dass Ihre Hündin nicht mehr weiter zur Zucht eingesetzt werden soll (sei es aus Alters- oder aus anderen Gründen), dann lassen Sie sie bitte anlässlich des Kaiserschnitts gleich kastrieren. So ersparen Sie Ihrer Hündin eine weitere Operation mit Narkose. Eine Kastration bei gleichzeitigem Kaiserschnitt hat keinerlei Auswirkungen auf die Milchbildung bzw. die Milchmenge Ihrer Hündin. Sie kann danach genauso gut ihre Welpen säugen wie eine unkastrierte Hündin.

Nach einem Kaiserschnitt wird der Tierarzt Ihrer Hündin je nach Fall für die Dauer von fünf bis zehn Tagen ein auch für die neugeborenen Welpen verträgliches Antibiotikum (meistens Amoxicillin) verordnen. Besonders wenn tote, im schlimmsten Fall schon in Verwesung befindliche Föten in der Gebärmutter vorgefunden wurden oder anderweitig ein hohes Keimrisiko besteht, wird der Tierarzt diese Maßnahme ergreifen.

Nach dem Kaiserschnitt: Hündin und Welpen versorgen

Es kann sehr lange, bis zu zwei Stunden dauern, bis alle Welpen regelmäßig atmen und Laut geben. Es kann leider natürlich auch sein, dass der eine oder andere Welpe trotz intensiver Betreuung verstirbt. Rechnen Sie von Anfang an damit, so werden Sie besser damit fertig.

Überlassen Sie die Betreuung der Welpen Ihrem privaten Geburtshelfer, denn Sie müssen jetzt Ihr Hauptaugenmerk auf Ihre Hündin richten. Sie wird langsam aus der Narkose erwachen und noch sehr desorientiert sein. Sie wird unter Umständen ihre Welpen quieken hören. Seien Sie jetzt trotz des enormen Schocks im Interesse

▶ **Besonders bei** Kaiserschnitt-Würfen sollte man die Mutterhündin und ihren Nachwuchs permanent im Auge behalten.

Ihrer Hündin bitte die Ruhe selbst. Blenden Sie alles andere aus. Ihre Hündin muss spüren, dass Sie ganz für sie da sind, dass trotz der Schmerzen und des Unwohlseins oder des Narkosekaters die Welt doch noch halbwegs in Ordnung ist. Warten Sie nach dem Kaiserschnitt bitte solange in der Arztpraxis, bis Ihre Hündin aus eigener Kraft einigermaßen selbstständig laufen kann. Das dauert in der Regel drei bis vier Stunden, gerechnet ab der Narkoselegung.

Packen Sie die Welpen vom Wärmebett des Tierarztes in Ihre Transportbox um, in der natürlich die Wärmflaschen bereit liegen, und decken Sie die Box mit einem Handtuch ab, damit die kleinen Kerlchen es während der Autofahrt nach Hause warm haben.

Zuhause angekommen können Sie einen ersten Kontakt zwischen Mutter und Kindern versuchen. Meist wird Ihre Hündin sich nicht wohlfühlen, starke Schmerzen haben und trotz allem noch desorientiert sein. Sie ist hin und her gerissen zwischen dem Wunsch, ihre Welpen zu säugen und zu putzen und einfach ihre Ruhe haben zu wollen. Helfen Sie Ihrem Mädchen, indem Sie freundlich und liebevoll mit ihr umgehen und sie beruhigen. Achten Sie trotzdem darauf, dass alle Welpen ihre erste Milch trinken können. Die kleinen Kerlchen brauchen diese jetzt ganz dringend und genauso nötig brauchen sie den Körperkontakt zu ihrer Mutter.

In solchen Fällen waren wir in der Regel sehr erfolgreich damit, wenn ich mich am Tag bzw. in der Nacht der Operation mit in die Wurfkiste hineingelegt habe. Die Hündin lag auf der einen Seite, ich auf der anderen und die kleinen Welpen in der Mitte. Nach dem ersten Saugen wurde allseits eine Runde gedöst, die kleinen Kerlchen schliefen umgeben von Körperwärme ein. Wenn dann ein lautes Quäken ertönte, sind die Hündin und ich gemeinsam hochgeschreckt, wir haben kurz die Lage geprüft und uns dann beide wieder abgelegt. Kurze Zeit später war wieder Zeit für das Milchtrinken, dann haben wir beide wieder kontrolliert, ob alles in Ordnung ist. Danach war wieder Zeit, um die Welpen zu putzen. Entweder schon von der Hündin, ansonsten von mir. Und so ging das etwa 24 Stunden oder länger. Danach waren die Hündin und ich ein perfekt eingespieltes Team. Ab dann ging es auch wieder aufwärts: Mein großes Mädchen zeigte nun echtes Interesse an ihren Babys, putzte sie eifrig, ließ sie kurz allein, um frische Luft zu schnappen, säugte sie. Die erste schwere Hürde war erfolgreich genommen.

Nichtannahme der Welpen

Denken Sie daran, dass Ihre Hündin auf Grund der Narkose und der ganzen Vorkommnisse paradox reagieren kann. Das reicht von aggressivem Verhalten bis zu völligem Desinteresse an ihren Welpen. Das ist nach einem Kaiserschnitt normal. Denken Sie immer daran, dass es für Ihre Hündin genauso ein Ausnahmezustand ist wie für Sie selbst.

Überwachen Sie Mutter und Kinder kontinuierlich, rund um die Uhr, mindestens die ersten zwei Tage nach dem Kaiserschnitt. Hier sind Sie als Züchter gefordert, die noch mangelhafte Bindung zwischen Mutter und Welpen unterstützend herzustellen, die bei einer normalen Spontangeburt sofort und ganz von selbst entsteht. Nach diesem Zeitraum hat Ihre Hündin die schlimmsten Beschwerden der Operation und der Narkose überstanden, ihre Schmerzen lassen nach, sie interessiert sich auch schon für ihre Welpen, lässt sie saugen, leckt sie ab, nimmt ihren Geruch auf und ist auf dem besten Wege, richtig mütterlich zu werden. Es gibt Hündinnen, für die die Welpen uninteressant sind und bleiben. Hier kann man nur versuchen, entweder eine Amme zu bekommen oder die Flaschenaufzucht betreiben. Agieren Sie in dieser Phase ruhig, gelassen, aber auch bestimmt. Tolerieren Sie Aggressionen der Mutter gegenüber den Welpen nicht. Es kann durchaus vorkommen, dass eine Hündin abwechselnd aggressiv und mütterlich reagiert. In einem solchen Fall bleibt Ihnen leider nichts anderes übrig, als diese Hündin und ihren Wurf über den gesamten Zeitraum von acht bis zehn Wochen kontinuierlich zu überwachen und präsent zu sein. Hier ist unbedingt Unterstützung durch Freunde angezeigt.

Manche Hündinnen, die es nicht schaffen, eine Bindung zu ihren Welpen aufzubauen, töten ihren Nachwuchs versehentlich, indem sie unachtsam sind und sich auf die Kleinen drauflegen oder auf sie draufspringen, weil sie zu ungestüm sind. Hündinnen, die sich für ihre Welpen nicht interessieren oder grundlos ihnen gegenüber aggressiv sind, sollte man sofort aus der Zucht nehmen.

In diesen Fällen müssen Sie unverzüglich den Tierarzt rufen:

▶ Vor dem ersten Welpen tritt grünes Fruchtwasser aus (mangelnde Sauerstoffversorgung der Welpen, akute Gefahr).

▶ Der Geburtstermin ist erreicht, ohne dass die Temperatur der Hündin abgefallen ist oder die Geburt begonnen hat.

▶ Es gibt kein Anzeichen für die Eröffnungsphase innerhalb von 12-18 Stunden nach dem Temperaturabfall.

▶ Nach der Eröffnungsphase wird innerhalb von sechs bis acht Stunden kein Welpe ausgetrieben.

▶ Die Hündin hatte 20 Minuten oder noch länger Presswehen, trotzdem tritt kein Welpe aus.

▶ Die Hündin zeigt über eine Stunde lang die Bauchpresse ohne ein Ergebnis.

▶ Nach dem letzten Welpen herrscht seit zwei Stunden keinerlei Wehenaktivität mehr.

▶ Ein Welpe steckt im Geburtskanal und kommt trotz Wehentätigkeit nicht heraus.

▶ Aus der Hündin kommen überlriechendes Fruchtwasser oder in Auflösung begriffene Föten.

Komplikationen nach der Geburt

Nicht alle Komplikationen nach der Geburt sind so schwerwiegend, dass Sie sofort den Tierarzt rufen müssen. Manche Hündinnen zeigen nach der Geburt keinen Appetit. Das gibt sich in der Regel von allein und kurzfristig. Eine leichte und schmackhafte Mahlzeit kann hierbei sehr hilfreich sein. Auch ein rechtzeitig entdeckter Milchstau kann durch einen kräftig trinkenden Welpen und durch Ihre häufige sorgfältige Kontrolle gleich im Ansatz behoben werden, bevor es zu einer Mastitis kommt. Im Zweifelsfall jedoch gilt: Lieber einmal zu viel den Tierarzt rufen als einmal zu wenig!

Eklampsie (Geburtstetanie, Kalziummangel)

Eine der am meisten gefürchteten Komplikationen vor, während oder – meistens – nach der Geburt ist die Eklampsie. Eine Eklampsie ist nichts anderes als ein Kalziummangel im Blut. Anzeichen für eine Eklampsie sind Krämpfe, plötzlich auftretendes Fieber, schnelle und keuchende Atmung. Eine Eklampsie kann sehr schnell tödlich verlaufen. Hier hilft nur eines: Calcium-Injektionen und Beruhigungsmittel. Lassen Sie sofort Ihren Tierarzt kommen!
Wir hatten bislang immer guten Erfolg mit der Gabe von Frubiase Calcium-Trinkampullen zur Prophylaxe. Ab Tag eins nach der Geburt mischten wir unseren Hündinnen einmal täglich eine Ampulle für die Dauer von drei bis vier Wochen unter das Futter.
Zusätzliche Kalziumgaben während der Trächtigkeit können keine Eklampsie der Mutterhündin verhindern. Im Gegenteil: Es wurde beobachtet, dass das Risiko für eine Geburtstetanie bei übertriebener Kalziumfütterung in der Trächtigkeit steigt.

Anämie (Blutarmut)

Eine Anämie der Hündin tritt recht unauffällig ein, meist nach etwa dreiwöchigem Säugen der Welpen. Mit zunehmender Milchleistung tritt ganz allmählich ein schleichender Erschöpfungszustand der Hündin ein. Häufig trifft es Hündinnen, die besonders hingebungsvolle Mütter sind. Da hilft nur Schonung: Häufigeres Trennen der Mutter von den Kleinen sowie ein Zufüttern der Welpen mit speziellem Welpenbrei (ist ab der dritten Lebenswoche möglich). Für die Hündin kann auch die Gabe einer stark energiespendenden Paste (zum Beispiel Calo-Pet) hilfreich sein. Eine Versorgung mit ausreichenden Mengen an hochwertigem, energievollem und leichtverdaulichem Futter ist selbstverständlich. Nach etwa zehn Tagen mit dieser Methode geht es der Hündin normalerweise viel besser und sie hat den Erschöpfungszustand überwunden. Achten Sie jedoch darauf, dass eine solche Hündin öfter als sonst eine Auszeit von ihren kleinen Plagegeistern nimmt – sie wird es Ihnen danken!

Mastitis (Gesäugeentzündung)

Anzeichen für eine Mastitis sind Rötung und schmerzhafte Schwellung des Gesäuges sowie Fieber und apathisches Verhalten der Hündin. Mitunter wird eine beginnende Mastitis vor lauter Aufregung um die Welpen übersehen und die eine oder andere Brustdrüse ist bereits stark verhärtet.
Die Hauptursache für eine Mastitis sind minimale Verletzungen (Kratzer) durch die saugenden Welpen. Die in diese Verletzungen eindringenden Keime führen zu Infektionen. Für die saugenden Welpen kann diese infizierte Muttermilch zu einer tödlichen Blutvergiftung führen.
Eine Mastitis muss sofort und wirksam vom Tierarzt bekämpft werden. In der Regel wird der Veterinär ein Antibiotikum verabreichen. Die Welpen müssen abgesetzt und zumindest vorübergehend – je nach Schwere der Erkrankung und nach Rücksprache mit Ihrem Tierarzt – mit der Flasche aufgezogen werden. Ist die Erkrankung überstanden, kann man versuchen, die Welpen bei der Hündin wieder anzulegen, sofern die Hündin dies zulässt und ihre Milchbildung funktioniert. Nimmt die Hündin die Welpen

◀ **Regelmäßige Bewegung** *kann vor einer Wochenbettvergiftung schützen.*

Aufgrund mangelnder Kontraktionen entstehen in der Gebärmutter giftige Abbauprodukte, die über die Milch an die Welpen weitergegeben werden und diese somit gefährden. Die Hündin fühlt sich unwohl, sie wirkt apathisch und hat möglicherweise Fieber. Hier ist auf jeden Fall der Tierarzt gefragt! Die Vorgehensweise ist dieselbe wie unter „Mastitis" beschrieben. Um einer Wochenbettvergiftung vorzubeugen, sollten Sie als Züchter dafür sorgen, dass sich Ihre Hündin trotz ihres starken Beschützerinstinkts in den ersten Tagen nach der Geburt täglich etwas bewegt bzw. bewegt wird. Auch das Säugen der kleinen Hundebabys unterstützt die Rückbildung der Gebärmutter. Darüber hinaus entzieht eine strikte Hygiene in der Wurfkiste möglichen Keimen und Infektionen den Nährboden. Als Prophylaxe-Maßnahme können Sie der Hündin etwa eine Woche lang nach der Geburt drei bis fünf Mal täglich Metrovetsan (homöopathische Tropfenlösung) über das Futter verabreichen. Dies beschleunigt die Rückbildung der Gebärmutter.

nicht mehr an oder kommt die Milchbildung nicht mehr richtig in Gang, bleibt Ihnen nichts anderes übrig als die Flaschenaufzucht (siehe Seite 80).

Puerperale Intoxikation (Wochenbettvergiftung)

Beobachten Sie nach der Geburt den Wochenfluss Ihrer Hündin. Er hält zwischen drei und sechs Wochen an. Anfangs ist der geruchlose Ausfluss noch blutig, wird später braunrot und nimmt mit der Zeit immer mehr ab, bis er völlig aufhört. Komplikationen können dann auftreten, wenn sich die Gebärmutter nicht vollständig zusammenzieht. Die Ursache dafür können sehr große Würfe, eine sehr lang andauernde Geburt und eine herabgesetzte Widerstandskraft der Hündin sein.

Kannibalismus

Fühlt sich eine Hündin durch die Geburt, ihre Welpen oder die übrigen Rudelmitglieder gestresst, kann es leider zu Fällen von Kannibalismus kommen. Das bedeutet, die Hündin tötet oder verletzt einen oder mehrere ihrer Welpen absichtlich oder unabsichtlich. Achten Sie daher darauf, dass Ihre Hündin während und nach der Geburt ihre Ruhe hat. Und zwar so lange, bis sie sich an die neuen Umstände und ihre Welpen gewöhnt hat. Bei einer Hündin, die eine niedrige Toleranzschwelle hat, leicht nervös und erregbar ist, sollte der Kontakt nach der Geburt mit den übrigen Rudelmitgliedern nur sehr moderat erfolgen.

Wund

▶ **Du bescherst** uns schlaflose Nächte, kleines Hundekind. Aber das ist uns egal!

Wunderbare
Welpenzeit

Warum so eine niedliche Handvoll Hund so viel Arbeit machen kann –
und warum wir dabei trotzdem Sterne in den Augen haben.

Nun sind sie also da, unsere sehnsüchtig erwarteten und schon heißgeliebten kleinen Hundebabys! Mutter und Kinder sind wohlauf, an der „Milchbar" herrscht reger Betrieb – worauf müssen wir jetzt besonders achten?

Um unsere Welpen besser zu verstehen und zu wissen, worauf es ankommt, ist ein Blick auf ihre Bedürfnisse, Fähigkeiten und ihr Verhalten notwendig. Unsere kleinen Lieblinge durchlaufen ein zeitlich und genetisch streng festgelegtes Entwicklungsprogramm, damit aus ihnen später einmal ein „richtiger" Hund wird.

Neugeborenen- und Übergangsphase

Diese beiden ersten Phasen durchlaufen die Welpen in den ersten zwei (Neugeborenenphase) bis drei (Übergangsphase) Lebenswochen. Im Grunde genommen können die Kleinen nach der Geburt fast gar nichts: Sie können ihre Körpertemperatur noch nicht selbstständig regeln, sie können selbstständig weder ein kleines noch ein großes Geschäft erledigen, sie können nichts sehen und hören und sich auch nicht großartig bewegen. Somit wird klar, dass sie dringend auf ihre Mutter und deren Pflege angewiesen sind.

Achten Sie darauf, dass die Hündin und ihre Kleinen in den ersten drei Wochen nach der Geburt ihre Ruhe haben. Sie sollen sich ungestört miteinander beschäftigen können. Sorgen Sie dafür, dass die Hündin auch durch ihre vierbeinigen Freunde, die Rudelmitglieder, nicht gestresst wird. Dies ist jedoch von Hündin zu Hündin unterschiedlich. Im Zweifelsfall werden strenge „Besuchszeiten" eingeführt. Alle äußeren Reize wie Besucher, ständiges Kommen und Gehen, randalierende Kinder, Lärm und Unruhe sollten von vornherein für die gesamten drei Wochen tabu sein. Besucher sind erst dann zugelassen, wenn die Augen und Öhrchen der Welpen offen sind und die ganze Familie aus der Wurfkiste in den großen Innenkennel umgezogen ist.

Körperkontakt

Die Nähe zur Mutter, ihre Körperwärme und die Nähe der Wurfgeschwister sind entscheidend für das Überleben und Wohlbefinden der Welpen. Aus diesem angeborenen Bedürfnis der Nähe entsteht das sogenannte „Kontaktliegen" der Welpen, das auch der erwachsene Hund zeigt, wenn er sich vorzugsweise neben Sie auf die Couch legt.

Beobachten Sie, wo und wie die kleinen Kerlchen liegen – das hat durchaus eine Bedeutung (siehe

◀ **In den** ersten drei Lebenswochen sind die Welpen noch sehr hilflos. Schützen Sie sie vor zu viel Betrieb und Lärm.

Wärmeregulierung

Zum Glück kommen die Welpen jedoch nicht völlig unbedarft daher. Sie können zum Beispiel Wärme fühlen, sie können riechen, mit ihren Köpfchen hin und her pendeln und sie können mit ihren Vorderbeinchen notdürftig robben. So erklärt sich, dass sie spüren, wo die Wärme (Mutter und Geschwister) ist und wissen, wo es etwas zu trinken gibt. Ergänzend wird die Mutter tätig, indem sie Bäuchlein und After der Kleinen leckt und massiert und so das große und kleine Geschäft auslöst. Und wo sie gerade dabei ist, wird dieses auch gleichzeitig komplett entsorgt, indem sie es auffrisst.

unter „Wärmeregulierung"). Sie als Züchter haben die sehr angenehme und überaus wichtige Aufgabe, die kleinen Kerlchen ständig in die Hand zu nehmen (der Engländer nennt dies „handling"): beim Wiegen, beim Hinhalten zum Putzen durch die Mutter, beim Ein- und Ausladen in die Transportbox, während die Wurfkiste gesäubert und frisch bezogen wird usw. Aber auch einfach nur zum Knuddeln, Drücken, Abknutschen. Bereits jetzt beginnt nämlich die Prägung der Welpen auf den Menschen. Je intensiver Sie sich um das kleine Volk kümmern, umso positiver sind die Auswirkungen später auf den Junghund und den erwachsenen Hund. Selbstverständlich wird Ihre Hündin ganz genau aufpassen, was Sie da so alles tun. Seien Sie versichert: Innerhalb weniger Tage sind Sie beide ein bestens eingespieltes Team. Die Bindung zwischen Ihnen und Ihrer Hündin wird so stark werden wie noch nie zuvor, und das dauerhaft. Das gegenseitige Vertrauen ineinander wächst und Sie werden sich fragen, wie so eine intensive Beziehung möglich sein kann. Genießen Sie es in vollen Zügen und ziehen Sie respektvoll den Hut vor Ihrem Mädchen, das eine so großartige Leistung vollbracht hat. Sie ist für Sie das beste Hundemädchen der ganzen Welt.

▶ **Praktisch und** *warm:*
Mutter und Welpen liegen im „funktionellen U".

In den ersten Tagen legt sich die Mutter so in Position, dass alle Welpen an ihr Gesäuge kommen, engen Kontakt zum mütterlichen Körper und ihrer Wärme haben. Diese Position wird auch das „funktionelle U" genannt, gebildet aus Vorderläufen, Körper und Hinterläufen der Hündin. Etwa ab dem sechsten Tag kriechen die Welpen etwas weiter weg von ihrer Mutter. Dabei stemmen sie sich mit ihren Vorderbeinchen und auf dem Bauch kriechend nach vorne. Wenn die Mutter sieht, wie sie nach der Zitze suchend mit dem Köpfchen hin und herpendeln, stupst sie die Welpen mit ihrer Nase in Richtung Gesäuge. Welpen können ihre eigene Körpertemperatur noch nicht selbstständig regulieren. Diese Fähigkeit erlangen sie erst um die vierte Lebenswoche. Aus diesem Grund ist es so wichtig, dass in diesem Zeitraum immer eine dem Lebensalter angemessene Umgebungstemperatur herrscht (siehe Übersicht). Mit dem bereits angesprochenen Thermometer in der Wurfkiste können Sie diese schnell und einfach kontrollieren und ggf. anpassen.

Ob es den Welpen zu warm oder zu kalt oder genau richtig warm ist, können Sie – auch ohne Thermometer – auf einen Blick erkennen. Liegen alle Welpen auf einem Haufen aufeinander, ist ihnen zu kalt. Liegen alle Welpen weit verteilt in der Wurfkiste, ist ihnen zu warm. Liegen die Welpen mehr oder weniger nebeneinander, ist die Temperatur genau richtig.

Bei Kaiserschnittwelpen kann es länger dauern, bis sie wieder warm werden. Ich habe nur ein einziges Mal in einem Notfall die Rotlichtlampe eingesetzt, und auch da nur für ein oder zwei

▼ **Die optimale** Umgebungstemperatur für Welpen

1. Lebenswoche	28 – 32 °C
2. und 3. Lebenswoche	24 – 26 °C
ab der 4. Lebenswoche	20 – 22 °C

◀ **Körperkontakt: nichts** *lieber als das!*

◀ **So manche** *Hündin geht voll und ganz in ihrer Mutterrolle auf. Trotzdem muss sie auch ab und zu an sich denken. Tut sie das nicht, erinnern Sie sie nachdrücklich daran!*

sollten so beschaffen sein, dass die kleinen Pfötchen der Welpen darauf guten Halt finden. Das ist für ihre sichere Fortbewegung äußerst wichtig.

Sorgen Sie dafür, dass Ihre Hündin sich täglich bewegt oder im Zweifelsfall bewegt wird. Viele Hündinnen gehen ganz in der Pflege ihrer Welpen auf und zeigen keinerlei Neigung, die Wurfkiste zu verlassen. Sorgen Sie dafür, dass die Hündin mehrmals am Tag, wenn auch nur für ganz kurze Zeit, die Wurfkiste verlässt, in den Garten geht, ihre Geschäfte erledigt und ein bisschen herumläuft. Wenn Sie ein ganzes Rudel haben, ist es etwas einfacher, sie zum Herumlaufen zu motivieren. Gehen Sie immer mit nach draußen und beobachten Sie, wie ihr Kot aussieht: Farbe, Konsistenz, Umfang. Ein paar Tage nach der Geburt ist der Kot oft dunkel und ungeformt, insbesondere, wenn die Hündin die eine oder andere Plazenta fressen durfte. Achten Sie darauf, ob der Kot nach ein paar Tagen wieder geformt aussieht und die sonst übliche Farbe angenommen hat. Wässriger, blutiger oder sehr voluminöser (umfangreicher) Kot sind Gründe, zum Tierarzt zu gehen.

Natürlich darf sich Ihr Mädchen voll und ganz auf ihre Babys konzentrieren, sie soll aber auch zwischendurch an sich selber denken. Sie werden merken, dass ihr das richtig gut tut. Nach einer solchen kurzen Pause geht sie wieder erfrischt an ihre Mutterpflichten.

Bevor Sie mit Ihrer Hündin nach draußen gehen, verschließen Sie die Wurfkiste so, dass die kleinen Welpen vor der übrigen Meute in Sicherheit sind. Unsere Hündinnen haben sich immer neben die Wurfkiste gestellt und genau zugeguckt, wie wir die Tür verschlossen haben. Danach sind sie zufrieden mit nach draußen

Stunden. Sie merken schon, ich bin kein Freund davon. Denn es ist schwierig bis unmöglich, mit so einer Lampe eine Temperatur in der Wurfkiste zu erzeugen, die sowohl für die Welpen als auch für die Mutterhündin angenehm ist. Wir schwören stattdessen auf Wärmflaschen und auf Tücher, mit denen wir unsere Wurfkiste abhängen. An zwei Stellen in der Wurfkiste legen wir je ein Wärmfläschchen, schön in ein Handtuch eingewickelt, aus. Je nach Wärmebedarf legen sich die Welpen in die Nähe oder direkt obendrauf und schlafen dort ein.

Bewegung

In den ersten Tagen ist der Aktionsradius der Welpen relativ begrenzt. Etwa ab dem sechsten Tag begeben sich die Welpen auf Erkundungstour innerhalb der Wurfkiste. Dabei bewegen sich die Welpen in einer Art Robbengang nach vorne, wobei sie sich gleichzeitig mit den Vorderbeinchen hochstemmen.

Achten Sie darauf, dass der Innenraum Ihrer Wurfkiste rutschfest ist. Die Tücher und Laken

gegangen – in dem Wissen, dass ihre Babys sicher aufgehoben waren.

Nabelpflege

Der Nabelschnurrest trocknet aus, schrumpft und fällt etwa am zweiten oder dritten Tag nach der Geburt endgültig ab. An dieser Stelle ist die Haut anfangs noch etwas rosa, nimmt aber im Laufe der Tage dieselbe Färbung wie die übrige Bauchhaut an.

Kontrollieren Sie täglich den Nabel und die Nabelumgebung. Bei der Pflege der Welpen sind viele Hundemütter übereifrig und massieren und lecken die Bäuchlein inklusive Nabel unermüdlich. Das kann dazu führen, dass sie die Welpen wundlecken und sich auf der Haut eine Art Ausschlag bildet. Spätestens dann müssen Sie eingreifen: Cremen Sie mehrmals täglich die betroffenen Stellen mit Ringelblumensalbe ein,

der Ausschlag wird problemlos abheilen. Häufig tritt dieses Problem beim Einzelwelpen auf, über den die Hundemutter all ihre gesammelte Liebe und Fürsorge ergießt.

Um es gar nicht erst dazu kommen zu lassen, können Sie das Putzen durch die Hündin abkürzen. Nehmen Sie den Welpen mit der rechten Hand vorne um die Brust, wobei Sie Ihren Ringfinger oder den kleinen Finger fest auf den Nabel legen. Mit der linken Hand halten Sie seinen Rücken und seinen Po. Wenn Sie den Welpen dicht an Ihren Körper halten, ist er vollkommen sicher und kann nirgendwo hin. In dieser Position erreicht die Hündin ungehindert die Genitalien und das Hinterteil. Sobald die Geschäfte und das Nachputzen erledigt sind, setzen Sie den kleinen Kerl, der sich die ganze Zeit über gegen die Putzprozedur gesträubt hat, wieder ab. Er wird in der Regel sofort die Flucht ergreifen vor einer weiteren mütterlichen Putzattacke!

Organentwicklung

In den ersten zwei Lebenswochen sind die inneren Organe und das Nervensystem noch nicht voll ausgebildet. Leber, Nieren und das Nervensystem sind erst gegen Ende der vierten Lebenswoche ausgereift, die Augen öffnen sich zwischen dem zehnten und 14. Tag, die Gehörgänge zwischen dem zehnten und 16. Tag. Sie als Züchter können bereits in dieser Phase die Entwicklung maßgeblich fördern oder aber leider auch bremsen. Ich will versuchen, Ihnen das am Beispiel eines unserer Welpen zu erklären.

Positiver Lern-Stress

Bei einem unserer Würfe war der Erstgeborene, unser kleiner „Monsieur", das einzige Leichtgewicht neben fünf Schwergewichten. Seine Geburt dauerte am längsten. Dank seiner schlanken Linie

◀ *Übereifrige Hundemütter* *müssen manchmal bei der Welpenpflege gebremst werden. Auf diese Art und Weise kann man das Ausmaß der Pflege eingrenzen.*

hat er für die nachfolgenden „dicken Brummer" sozusagen den Weg gebahnt, sodass die anderen entsprechend problemlos und flott zur Welt kamen. Der Ärmste war kräftemäßig ganz schön angeschlagen.

Uns fiel auf, dass er zwar die Zitzen gefunden und auch getrunken hat, jedoch von den Schwergewichten immer gnadenlos abgedrängt wurde. Also haben wir ihm in den ersten drei Tagen Schützenhilfe geleistet: Wir legten ihn zwischendurch allein, ohne seine brachialen Geschwister, an die mütterlichen Zitzen an. Den Größten aus diesem Wurf haben wir vorher alle Zitzen prüfen und ansaugen lassen, was er sehr effizient und gerne getan hat, und haben den Kleinsten dann an die ergiebigsten Zitzen gelegt. Nach drei Tagen hatte der kleine Kerl genügend Energie getankt, um sich dann selbstständig ins Getümmel zu stürzen. Er hat danach trotz seines kleineren Formats bestens mit der geschwisterlichen Übermacht mithalten können und ist prächtig gediehen. Heute ist er der Größte, wenn auch nicht der Breiteste des ganzen Wurfes und ein absolut gesunder, topfitter Rüde.

▶ *So lecker:* Es gibt nichts Besseres als Mamas Milch!

Was lernen wir daraus? So hart es klingt, aber für alle Welpen gilt gleich zu Beginn des Lebens: Bevor die Welpen selig an die Zitzen stürzen dürfen, hat der liebe Gott erst einmal schweißtreibendes Arbeiten gesetzt. Für die Kleinen ist es Schwerstarbeit, bis zum mütterlichen Gesäuge zu robben, sich im Gedränge um die besten Zitzen zu behaupten und dann noch die Kraft aufzubringen, energisch die Milch zu schlucken.

Nur auf diese Weise, nämlich durch eigenes Training, entwickelt sich der Welpe weiter. Er lernt, seine Muskeln einzusetzen, um ein bestimmtes Ziel zu erreichen. Er lernt, sein Gehirn anzustrengen, um herauszufinden, wie er am besten an die Zitzen kommt.

Wenn Sie als Züchter nun ständig regulierend eingreifen, bleibt ein schmächtiger Welpe in seiner Entwicklung gleich von Anfang an zurück, auch wenn er körperlich gut gedeiht. Was natürlich nicht heißt, dass Sie einen Welpen einem nicht zu

bewältigenden Stress aussetzen sollten. Hier gilt es abzuwägen.

Das Gesäuge der Hündin

Mamas „Milchbar" ist natürlich der zentrale Ort allen Geschehens für die kleinen Welpen. Nichts ist besser, als sich dort permanent die leckere Milch zu genehmigen! Besonders die Erstmilch, das Kolostrum, ist ungeheuer wichtig für die Welpen: Sie ist besonders reich an mütterlichen Antikörpern gegen Infektionen.

Damit das Gesäuge immer schön funktionsfähig bleibt, kontrollieren Sie bitte mehrmals täglich die Zitzen Ihrer Hündin. Das Gesänge muss sich weich anfühlen, ohne irgendwelche Verhärtungen. Manchmal merken Sie vielleicht, dass eine Zitze sich etwas härter anfühlt als die anderen. Dann greifen Sie sich einen Welpen, der einen guten Zug hat und legen Sie ihn an dieser Zitze

an. In der Regel wird dieser Welpe kräftig saugen und die Zitze wird dadurch wieder wunderbar weich wie alle anderen. Auf diese Art und Weise können Sie schnell und unkompliziert einem etwaigen Milchstau vorbeugen. Sie können natürlich auch die Milch aus der Zitze ausmassieren. Allerdings können die Welpen das um einiges besser als wir Menschen!

▼ **Milchvergleich** von Hündin und Kuh

Nährstoffe	Hündin	Kuh
Protein	33 %	25,6 %
Fett	41 %	29,9 %
Laktose	17 %	38,7 %
Kalorien aus Protein	23,2 %	19,5 %
Kalorien aus Fett	64,9 %	51,1 %
Kalorien aus Laktose	11,9 %	29,4 %

◀ **Wer ist** hier der Stärkste?
Auch körperlich schwächere Welpen müssen lernen, sich durchzusetzen.

▶ **Nimmt er** auch ausreichend schnell an Gewicht zu? Anfangs steht tägliches Wiegen auf dem Programm.

Verdauung der Welpen

Nach so ausgiebigem Milchbarbesuch bleiben „wichtige Geschäfte" nicht aus. Hierzu leckt und massiert die Mutter kräftig Bäuchlein und After der Welpen, und schon fließen die Bächlein und werden eifrig die Häufchen abgesetzt. Die allerersten Häufchen nach der Geburt sind meistens ganz dunkelbraun bis schwarz, bei uns Menschen heißen sie nicht umsonst Kindspech. Manche Hundemütter fressen diese Häufchen nicht. Das ist in Ordnung und kein Grund zur Panik. Die späteren Häufchen von den Welpen sind, solange sie gesäugt werden, von breiiger Konsistenz und gelblich-bräunlich. Die Hündin frisst die Kotfladen sofort auf und leckt den Welpen gründlich sauber.

Eine unserer Hündinnen war da sehr penibel. Sie hat immer schon vorher geschnüffelt, ob nicht ein Häufchen im Anmarsch war und begann sofort mit dem Ablecken. In den ersten drei Wochen war die Wurfkiste, abgesehen von ihrem Wochenfluss, absolut blitzsauber. Sie hat auch ohne Gnade und Erbarmen jeden Welpen, während sich die Kleinen an der Milchbar bedienten, von der jeweiligen Zitze abgedockt, kräftig trotz lautstarken Gezeters geleckt, und ihn einfach mit einem kräftigem Zungenschlag herumgedreht. So kam sie ungehindert an Bauch, Schniedel und Po heran. Nachdem sie den ersten Welpen dieser Behandlung unterzogen hatte, kam sie so richtig in Fahrt und meist versammelte sich dann unsere ganze Familie an der Wurfkiste, um diesem Schauspiel beizuwohnen. Auf unser unterdrücktes Gekicher hin sah uns diese Hündin lediglich vorwurfsvoll an.

Aber nicht alle Hundemamis haben so einen ausgeprägten Putzfimmel. Verweigert Ihre Hündin das Putzen ihrer Welpen, dann müssen Sie einspringen. Feuchten Sie einen Frotteewaschlappen oder einen Wattepad mit körperwarmem Wasser an (38 °C) und massieren Sie damit das Bäuchlein der Welpen, um den Stuhlgang und

◄ **Auf dem** *Bauch oder auf der Seite: Geschlafen wird viel, besonders in den ersten Wochen.*

Harnabsatz auszulösen. Das geht in der Regel ganz fix. Anschließend säubern Sie die Welpen.

Gewichtszunahme

Am ersten Lebenstag verlieren die Welpen durchschnittlich 10 % ihres Geburtsgewichtes. Das ist völlig normal und rührt daher, dass beim Wiegen der Welpen direkt nach der Geburt noch keine Körperflüssigkeiten und auch kein Kindspech abgegangen sind. Allerdings sollte sich das Geburtsgewicht bis zum zehnten Lebenstag verdoppelt und bis zum 20. Lebenstag verfünffacht haben.

Wiegen Sie die Welpen täglich zwei Mal, einmal morgens und einmal abends. Notieren Sie die jeweiligen Gewichte in Ihrer Gewichtstabelle. Führen Sie diese bitte ganz exakt, da sie so auf Anhieb erkennen, ob ein Welpe ein Gewichts-

oder womöglich anderes Problem hat. Sind die Welpen einmal fünf oder sechs Wochen alt, reicht es aus, sie nur noch einmal pro Tag, ab der siebten Woche einmal pro Woche zu wiegen. Die Gewichtstabelle führen Sie bitte bis zur Wurfabnahme durch den Zuchtwart.

Sauberkeit rund um die Wurfkiste

Achten Sie darauf, dass die Wurfkiste immer sauber ist. Wechseln Sie die Laken und Tücher bei Bedarf mehrmals täglich. So können Sie immer kontrollieren, wie der Wochenfluss der Hündin aussieht. Nehmen Sie immer Laken oder Tücher, die kochfest sind.

Wischen Sie die Wurfkiste ab und zu feucht aus. Wir verwenden hierzu immer ein sagrotanhaltiges Putzmittel, mit Wasser verdünnt.

Welpenschlaf

Der „Schönheitsschlaf" der Welpen ist natürlich nicht nur ihrer Schönheit geschuldet, sondern vor allem auch ihrer Entwicklung. Ungestörter Schlaf ist lebensnotwendig, sowohl für die Neugeborenen als auch für ältere Welpen. Einen schlafenden Welpen sollte man niemals stören – das ist besonders Familien mit (Klein-)Kindern ans Herz zu legen. Die ersten beiden Wochen verbringen die Welpen abwechselnd mit Schlafen und Trinken. Sie werden es oft beobachten, dass die Kleinen mit der Zitze im Mäulchen und erschöpft vom Trinken schlagartig einschlafen. Bewegt sich dann die Mutter etwas oder flutscht ihnen die Zitze aus dem Mäulchen, werden sie ganz hektisch, suchen die Zitze, nuckeln noch ein paarmal daran, um doch gleich wieder einzuschlafen.

Schlafende Welpen liegen entweder auf dem Bauch oder auf einer Seite, mit nach innen gerolltem Köpfchen und zum Körper gezogenen Gliedmaßen. Sie liegen jedoch niemals wirklich still und ruhig da. Da zucken die Pfötchen oder Öhrchen, sie strecken sich und verändern laufend ihre Position. Dieser bewegte Schlaf ist wichtig für die Entwicklung von Muskulatur und die Koordination der Welpen. Bei einem völlig ruhig daliegenden Welpen sollten bei Ihnen sofort die Alarmglocken klingeln!

Lautgebung

Gesunde Welpen sind in der Regel ziemlich ruhig. Ansonsten schnattern, zwitschern und quieken die Kleinen häufig im Schlaf, ohne dass dies Anlass zur Sorge geben müsste.

Die Welpen schreien meist erst dann, wenn ihnen zu kalt oder zu warm ist und ebenfalls, wenn sie hungrig sind, die Mutter zu wenig Milch gibt oder wenn sonst irgendetwas nicht stimmt. Versuchen Sie, die Ursache herauszufinden: Kontrollieren Sie die Temperatur in der Wurfkiste und das Gesäuge der Mutter. Vielleicht putzt die Hundemutter die Welpen nicht richtig? Stimmt soweit alles und der Welpe schreit weiter, rufen Sie Ihren Tierarzt an und beraten Sie sich mit ihm.

Augen und Ohren

In der zweiten bis dritten Lebenswoche öffnen sich erstmals die Augen, sie gehen vom inneren zum äußeren Augenwinkel auf. Meistens geschieht dies nachts und Sie werden morgens von einem Dauersingsang geweckt: Die Welpen jammern, weil das Tageslicht grell und möglicherweise schmerzhaft für sie ist. Das geht etwa ein oder manchmal auch zwei Tage, danach haben sie sich an Hell und Dunkel gewöhnt.

Anfangs sieht man nur einen schmalen Schlitz zwischen den Lidern, dazwischen blitzt immer wieder etwas hervor. Mit der Zeit verbreitert sich der Schlitz immer mehr und das Auge ist halb geöffnet. In der Regel dauert es etwa zwei bis drei Tage, bis die Augen voll geöffnet sind. Jetzt sieht man richtig ihre dunkelblaue Farbe! Genau fokussieren können die kleinen Welpen allerdings zu dem Zeitpunkt noch nicht.

Die Gehörgänge öffnen sich wenige Tage später. Man erkennt es nicht nur an den Ohren, die jetzt sozusagen „aufgeklappt" sind, man merkt es auch an der Geräuschempfindlichkeit der kleinen Kerlchen.

Krallen schneiden

Sie werden überrascht feststellen, dass die Krallen Ihrer Winzlinge richtig weh tun können! Ferner werden Sie feststellen, dass diese kleinen Nadeln schneller wachsen, als es die Polizei erlaubt.

Wir schneiden in aller Regel alle ein bis zwei Wochen die kleinen Krällchen. Das erste Mal erfolgt bereits am Ende der ersten Lebenswoche. Am besten eignet sich dazu ein Nagelklipper. Fixieren Sie hierzu die kleine Pfote zwischen zwei Fingern. Das unterste Krallenende ist leicht nach unten gebogen. Klippen Sie nur diese äußerste, meist gebogene Spitze der Kralle ab. Anfangs können Sie meist noch gut erkennen, bis wohin in der Kralle die Adern verlaufen. Diese dürfen niemals angeschnitten oder verletzt werden! Mit einer starken Taschenlampe, die man von unten auf die Pfote richtet, lässt sich der Verlauf des Blutgefäßes in den Krällchen gut erkennen.

▶ **Besser, Sie** geben dem Welpen geeignetes Kaumaterial – sonst sucht er sich womöglich
Ihre Büste oder Ihre Schuhe aus!

Zähne und Zahnwechsel

Wie der Mensch, so hat auch der Hund zunächst einmal ein Milchgebiss (28 Zähne). Diese kleinen Zähnchen sind ganz schön spitz und können ganz ordentlich weh tun. Als erstes kommen beim Welpen die Eckzähne durch (genannt Canini), gefolgt von den Schneidezähnen und den Backenzähnen.

Ab dem dritten Monat erscheint dann das bleibende Gebiss (42 Zähne) mit dem vorderen Backenzahn P1 (Prämolar) und einem hinteren Backenzahn M1 (Molar). Darauf folgen die übrigen vorderen und hinteren Backenzähne zwischen dem fünften und sechsten Monat.

Bei vielen Rassen können, je nach Schwere und Umfang, Zahnfehler zum Zuchtausschluss führen. Kontrollieren Sie das Milchgebiss der Welpen regelmäßig auf mögliche Zahnfehler (Fehlstellungen, Engstände und ähnliches). Je frühzeitiger ein solcher entdeckt wird, umso einfacher und unaufwändiger kann er behandelt werden. Sind Sie sich unsicher, lassen Sie Ihren Tierarzt oder, noch besser, einen Fachtierarzt für Zahnheilkunde darauf schauen.

Durch den Zahnwechsel vom Milchgebiss zum bleibenden Gebiss verspürt der Welpe ein verstärktes Bedürfnis zu kauen und zu nagen. Kommen Sie diesem entgegen und geben Sie ihm ungefährliche und geeignete Kauobjekte wie zum Beispiel Zahnkaustreifen, Baumwollknoten oder Kauknoten. Lassen Sie dieses Bedürfnis unbefriedigt, wird sich der Welpe anderweitig gütlich tun, zum Beispiel an den Wänden, dem Teppich, dem Sofa, seinem Korb und dergleichen mehr. Manche Welpen genießen es auch, wenn Sie mit dem Finger vorsichtig Kiefer und Zahnfleisch massieren. Bei dieser Gelegenheit können Sie den Welpen gleich sachte an die Zahnbürste gewöhnen. Nehmen Sie hierzu eine weiche Kinderbürste, Zahnpasta benötigen Sie jetzt noch nicht.

◀ *Sollte einer* Ihrer Welpen kränkeln, zögern Sie nicht, Ihren Tierarzt um Rat zu fragen.

Welpenprobleme

Wo Welpen sind, bleiben Probleme oder Komplikationen leider nicht aus. Die häufigsten Schwierigkeiten, die nachfolgend aufgeführt sind, sind zum Glück jedoch mit einfachen Mitteln und relativ gut aus der Welt zu schaffen bzw. gleich von vornherein zu vermeiden. Denken Sie jedoch immer daran, bei auftretenden Beschwerden sofort zu handeln. Bei Welpen können auf Grund ihrer kleinen Körpergröße auch leichte Komplikationen sehr schnell zum Tod führen. Daher gilt auch hier: Rufen Sie Ihren Tierarzt lieber einmal zu viel als zu wenig an.

Gaumenspalte

Ein Welpe mit Gaumenspalte ist in den meisten Fällen leider ein Kandidat für das Einschläfern. Es handelt sich hierbei um eine Fehlbildung, bei der der Mund und das Naseninnere miteinander verbunden sind. In der Folge kann der Welpe nicht richtig saugen, trinken und abschlucken. Er niest, die Milch kommt durch seine Nase wieder heraus und er entwickelt eine Aspirationspneumonie. Zeigen Sie einen solchen Welpen sofort Ihrem Tierarzt. Nur eine kleine Gaumenspalte kann unter Umständen chirurgisch erfolgreich behandelt werden. In allen anderen Fällen bleibt lediglich das Einschläfern.

Aspirationspneumonie (Verschluckpneumonie)

Dies ist eine Form der Lungenentzündung, die durch Schluckstörungen oder durch Verschlucken von Flüssigkeit (Fruchtwasser, Milch) oder aber durch falsch bzw. mit zu viel Druck eingegebene Medikamente oder Milchaustauscher ausgelöst wird. Ist bei einem Welpen diese Diagnose erst einmal gestellt, so sind die Chancen auf eine erfolgreiche Therapie ungewiss. Das Vermeiden einer solchen Lungenentzün-

dung hat für Sie als Züchter oberste Priorität. Welpen mit Fruchtwasser in den Atemwegen, ob nach Spontangeburt oder Kaiserschnitt, werden gründlich abgesaugt. Bei Welpen, die mit der Flasche aufgezogen werden, dürfen die Sauger nur ganz kleine Löcher haben. Sonst saugt der Welpe zu viel Milch auf einmal ein und verschluckt sich.

Energiedefizit

Ein verstärkter Energieverbrauch während der Geburt (lange Geburtsdauer, Kaiserschnitt, Schwergeburt) kann dazu führen, dass die Welpen trotz guter Konstitution und vorhandener Saugreflexe zu schwach sind, um richtig zu saugen. Auch ein erhöhter Energieverbrauch, wenn zum Beispiel die Umgebungstemperatur der Welpen zu niedrig ist, kann zu einem Energiedefizit führen.

Merkt man, dass ein Welpe irgendwie zu schlapp ist, verabreicht man ihm etwas lauwarme 5%ige Glukoselösung ins Mäulchen, bei Bedarf mehrmals im Abstand von jeweils einer Stunde. Hierbei gehen Sie wirklich Tropfen für Tropfen vor, am besten mit einer Pipette. So sind Sie sicher, dass nicht durch „zu viel zu schnell" eine Verschluckpneumonie ausgelöst wird. Gleichzeitig ist das Umfeld der Welpen zu kontrollieren: Temperatur, Zugluft oder ähnliches. Dank der Glukose kommt ein ansonsten vitaler Welpe in der Regel recht flott wieder auf die Beine.

Durchfall und Erbrechen

Durchfall kann verschiedene Ursachen haben: Bakterien, Würmer, Viren, unhygienische Verhältnisse oder erkrankte Tiere im gleichen Zwinger. Auch das Liegen auf kalten Böden kann bei älteren Welpen zu Durchfall führen. Sichere Anzeichen hierfür sind Unruhe, Geschrei, gespannte Bäuchlein, häufiger wässriger und dünner stinkender Stuhlgang.

Bei Welpen kann Durchfall sehr schnell zur Dehydrierung (Austrocknung) und somit zum Tod führen. Daher ist bei Durchfall innerhalb

◀ **Bei Zwergrassen** treten Zahnfehler vermehrt auf.

nur das rechtzeitige und vollständige Ziehen des stehengebliebenen Milchzahns.

Bei einem Caninus-Engstand stehen, wie der Name schon sagt, die Canini (Eckzähne) von Oberkiefer und Unterkiefer zu eng zueinander. Das führt dazu, dass die Eckzähne des Unterkiefers in den Gaumen des Oberkiefers stoßen und so zu Verletzungen führen. Je nach Schweregrad und Ausmaß des Engstands muss dieser zahnorthopädisch behandelt werden, gegebenenfalls der Zahn oder die Zähne gezogen werden. Je nach Fall bekommt der Welpe sogar eine Zahnspange! Ein solcher Engstand wirkt sich nicht auf das bleibende Gebiss aus, das heißt die nachfolgenden bleibenden Zähne weisen nicht automatisch einen Engstand auf. Bei einem nicht stark ausgeprägten Engstand kann der Zahn in die Gegenrichtung des Engstands (meist nach außen) massiert werden, am besten mehrmals täglich. Eine weitere Maßnahme besteht darin, den Welpen einen Ball, der exakt in den Bogen des Unterkiefers passt, herumtragen zu lassen, ebenfalls mehrmals täglich.

Schwimmer-Syndrom (Flat Puppy Syndrome)

Einen „Schwimmer" erkennt man daran, dass er flach liegenbleibt, während die anderen Welpen ab etwa dem sechsten Tag ihre ersten Aufsteh- und Gehversuche absolvieren. Wird hier nichts getan, sind die Folgen ein auf Grund der weichen Knochen deformierter Rippenkorb, ein deformierter Lungenraum und infolgedessen ein geringeres Lungenvolumen. Auch Verformungen der Gliedmaßen sind möglich.

Welpen mit Schwimmer-Syndrom treten häufiger bei großen Rassen auf als bei kleinen. Bei Welpen mit hochgradig deformiertem Brustkorb oder Welpen, die weder vorne noch hinten hochkommen, sind die Veränderungen irreversibel. Ihre Lebenschancen sind von vornherein aussichtslos.

der ersten drei Lebenswochen unverzüglich der Tierarzt aufzusuchen.

Erbrechen kann durch Bakterien, Würmer oder Viren ausgelöst werden. Bei Flaschenkindern kann es darüber hinaus durch zu kalte oder zu warme oder saure Milch ausgelöst werden.

Zahnfehler (Milchzähne)

Die beim Welpen am häufigsten auftretenden Zahnfehler sind persistierende Milchzähne und ein Caninus-Engstand.

Persistierende Milchzähne treten gehäuft bei Klein- und Zwergrassen auf. Dabei schiebt sich der bleibende Zahn am Milchzahn vorbei und ergibt so einen doppeltem Zahnbesatz. Dies führt meist zu Fehlstellungen, die wiederum zu Einbissen in den Gegenkiefer führen können. Hier hilft

Einem „Schwimmer" mit nur geringgradig abgeflachtem Brustkorb und bei Welpen, deren Hinterhand ausschließlich betroffen ist, kann geholfen werden. Bei solchen Hunden liegt nur eine verzögerte Entwicklung des Nervensystems vor. Hier muss man die Hinterhand korrigieren. Leiten Sie alle weiteren Schritte gemeinsam mit einem Tierarzt ein, der sich gut mit dem Schwimmer-Syndrom auskennt. Zeit und Geduld werden zum Erfolg führen!

Aussonderung von Welpen durch die Mutterhündin

Ein für den Züchter besonders trauriges und schwer zu akzeptierendes Verhalten ist das Aussortieren eines Welpen durch die Mutterhündin. Sie ignoriert ihn, lässt ihn links liegen, kümmert sich nicht um ihn. Später nimmt sie ihn ganz gezielt auf und legt ihn gänzlich zur Seite.

Sollte dies bei einem Ihrer Würfe vorkommen, so kann ich Ihnen nur raten, Ihre Hündin gewähren zu lassen. Sie weiß instinktiv ganz genau, was und warum sie es macht. Die Hundemütter spüren, dass mit diesem einen Welpen etwas nicht stimmt, dass er im Grunde genommen nicht lebensfähig ist. Das kann alle möglichen Ursachen haben: Gehirnschäden durch Sauerstoffmangel auf Grund einer verlängerter Geburt, mangelnde Reflexe, die auf Behinderungen deuten usw. Für uns Menschen ist oft von außen nicht ersichtlich, dass mit dem Welpen etwas nicht stimmt. Bestrafen Sie Ihre Hündin nicht für diese Handlung, es ist absolut korrektes Verhalten. Rufen Sie stattdessen Ihren Tierarzt an, der den Welpen untersuchen soll. Im Zweifelsfall ist dieser auf Grund der Vernachlässigung durch seine Mutter ohnehin in keinem guten Zustand mehr. Sortiert Ihre Hündin einen Welpen wirklich eindeutig aus und weigert sich, ihn in irgendeiner Form zu bemuttern, lassen Sie ihn vom Tierarzt einschläfern. Begehen Sie nicht den Fehler und beharren darauf, diesen Welpen großziehen zu wollen. Sehr häufig treten die von der Hündin bereits zu diesem frühen Zeitpunkt instinktiv erspürten Defekte im weiteren Wachstum des Welpen auf und es stellt sich heraus, dass der dann größere Hund womöglich starke Behinderungen, Defekte usw. aufweist.

Einzelwelpe

Einzelwelpen treten häufig bei Klein- und Zwergrassen auf. Aber auch bei anderen Rassen kann es „Einzelkinder" geben, wenn der Wurf von Anfang an klein ist und die anderen Geschwister entweder vor, während oder nach der Geburt versterben.

In einem solchen Fall versucht man eine Hündin zu finden, die zum gleichen Zeitpunkt ebenfalls Welpen hat, und zwar möglichst viele. Einige der Welpen legt man dann zusammen mit dem Einzelkind an unserer Hündin an. Das ist nicht ganz einfach. Für Besitzer von kleinen Hunderassen gilt daher, ihre Hündin rechtzeitig vor der Geburt vom Tierarzt auf die zu erwartende Welpenzahl untersuchen (röntgen) zu lassen. Lautet die Diagnose auf Einzelwelpe, können Sie davon ausgehen, dass dieser sehr groß, wahrscheinlich sogar zu groß sein wird und es daher zu einem Kaiserschnitt kommt.

Ansonsten bleibt nichts anderes übrig als das Einzelkind alleine aufzuziehen. Hinsichtlich einer späteren Sozialisierung klappt dies natürlich besser, wenn man eine ganze Hundemeute zu Hause hat.

Das ist beim Einzelwelpen zu beachten:

- Übersteigerter Säuberungsdrang der Hündin, da nur ein Welpe zu versorgen ist. Vorsicht: Gefahr des Wundleckens und des Hautausschlags.
- Mehrfach täglich Gesäugekontrolle, damit kein Milchstau oder gar eine Mastitis entsteht.
- Wenn es die Hündin zulässt, legen Sie in die Wurfkiste Wärmflaschen und Stofftieren als Ersatz für die fehlenden Geschwister.
- Achten Sie auf ausreichende Körperwärme des Welpen.
- Betreuen Sie die Hundemama besonders liebevoll.

Flaschenaufzucht

Eine Flaschenaufzucht wird dann notwendig, wenn Sie entweder mutterlose Welpen haben oder die Hündin nicht ausreichend viel Milch gibt. Auch eine Mastitis oder eine andere, die Milch unbrauchbar machende Infektion, kann eine Flaschenaufzucht nötig machen. Spätestens dann brauchen Sie tatkräftige menschliche Helfer, denn so einen Notfall können Sie nicht allein bewältigen.

Besteht die Situation gleich von Anfang an, also gleich ab Geburt, dann ist es sehr wichtig, dass die Neugeborenen ein industriell hergestelltes Antikörperserum erhalten. Dies fungiert als Ersatz für die Erstmilch (Kolostralmilch) der Mutter, die sie normalerweise zu sich nehmen. Danach füttern Sie die Welpen mit Welpenmilch (Milchersatzpulver). Das Pulver wird mit Wasser angerührt und auf 37 °C temperiert verfüttert.

Achten Sie auf penible Hygiene beim Hantieren mit der Welpenmilch!

Gefüttert wird wie bei Menschenbabys mit Fläschchen und Saugern. Allerdings muss zwingend darauf geachtet werden, dass die Sauger keine zu großen Sauglöcher haben. Sonst verschlucken sich die Welpen und es kann zu einer Aspirationspneumonie (siehe Kapitel „Aspirationspneumonie") kommen. Also bitte Sauger mit kleineren Löchern nehmen!

Die Fütterung selbst geht folgendermaßen vonstatten: Sie setzen sich bequem auf einen Stuhl oder ein Sofa und legen sich als Ersatz für den mütterlichen Bauch ein Kissen auf die Beine. Nun führen Sie eine Hand unter den Welpen, sodass er mit seinem Brustkorb und Bauch auf Ihrer Hand und gegebenenfalls auf Ihrem Arm liegt. Ein Welpe darf niemals auf dem Rücken liegend gefüttert werden, sonst erstickt er! Mit

*◀ **Hat eine** Hündin nur einen Welpen, ist die Sozialisierung einfacher, wenn noch andere Hunde mit im Haus wohnen.*

der anderen Hand halten Sie das Fläschchen mit dem Sauger so, dass der Welpe in aufrechter Kopfhaltung daran saugen und ziehen kann. Dank des Kissens kann der Welpe mit seinen Vordertätzchen auch den Milchtritt ausführen. Mit dieser Haltung imitieren Sie die natürliche Saughaltung der Welpen bei der Mutter.

Vor dem Saugen nehmen Sie den jeweiligen Welpen aus dem Geschwisterknäuel heraus und legen ihn etwa 20-30 cm davon entfernt hin. Dort ist es natürlich kühler als im Knäuel. Er wird die Wärme und Geborgenheit seiner Geschwister suchen. Halten Sie ihm Ihren Arm hin, an dem er dann entlangrobben wird, bis er wieder am Geschwisterknäuel angelangt ist, wo Sie ihn dann aufnehmen und füttern.

Diese Vorgehensweise ist äußerst wichtig, da er einen für Welpen wichtigen Lernprozess imitiert: „Ich krieche zur Wärmequelle, denn dort gibt es Kontakt zu Geschwistern und der Mutter. Wo es warm ist, finde ich die Mutter, bei der Mutter gibt es Milch. Es lohnt sich also, sich anzustrengen und zur Wärmequelle zu robben." In diesem Fall sind eben Sie und das Fläschchen die Wärmequelle samt Milch.

Nach erfolgreicher Fütterung putzen und massieren Sie den Welpen mit einem warmen, feuchten Tuch, damit er sich lösen kann. Und dann geht's weiter mit dem nächsten hungrigen Kerlchen.

Denken Sie daran: Sie müssen jeden Welpen mindestens alle zwei Stunden füttern, rund um die Uhr, Tag und Nacht. Das ist ein 24-Stunden-Job, für den Sie mehrere Helfer brauchen, um ihn einigermaßen unbeschadet zu überstehen und um den Welpen effektiv helfen zu können.

Alternativ zur Flaschenfütterung können die Welpen auch mit Magensonde gefüttert werden. Lassen Sie sich diese Methode unbedingt vom Tierarzt in seiner Anwesenheit zeigen, bis Sie vertraut damit sind.

Ab der vollendeten zweiten Lebenswoche können Sie dazu übergehen, mit Welpenbrei anzufangen. Ab der vollendeten vierten Lebenswoche kann man die Fütterung mit der Flasche oder der Magensonde gänzlich beenden.

Sozialisierungsphase

Die Sozialisierungsphase reicht von der vierten bis zur 16. Lebenswoche. Sie ist eine der wichtigsten Phasen im Leben eines Hundes. Alles, was er in dieser Zeit lernt und erfährt, prägt ihn fürs ganze Leben – sowohl im Positiven wie im Negativen. Man kann sich diese Prägung wie eine CD-ROM vorstellen: Einmal gebrannt, ist es auf ewig gespeichert. Löschen geht nicht mehr, überschreiben ebenso wenig. Daher rührt die überragende Bedeutung, die diese Phase für den kleinen Hund hat und die ungeheure Verantwortung, die Sie als Züchter hier tragen.

EIN WEIT VERBREITETES VORURTEIL: „WELPEN HABEN WELPENSCHUTZ!"

Leider muss ich Ihnen diese schöne Illusion rauben, denn ein Welpenschutz existiert immer nur im eigenen Rudel. Sobald Ihr Welpe draußen auf dem Feldweg, im Wald oder wo auch immer einem anderen Hund begegnet, wird dieser Ihren Welpen grundsätzlich als fremden Artgenossen betrachten. Und dieser ist denselben Hunderegeln unterworfen wie jeder andere Hund auch. Erwachsene Vierbeiner verhalten sich Welpen gegenüber häufig nur deswegen sehr tolerant, weil diese noch keine Konkurrenz für sie darstellen. Daraus ergibt sich die große Bedeutung, die eine artgerechte Sozialisierung für den Welpen hat.

Sozialspiel

Die Wurfgeschwister lernen auf spielerische Weise den Umgang mit ihresgleichen. Sie knurren, springen, fordern zum Spiel auf, unterwerfen sich, quietschen, schreien usw. Im Spiel lernen sie Stärken und Schwächen des Spielpartners kennen. Dabei gehen die kleinen Kerlchen recht rabiat miteinander um. Wenn mal einer zu weit gegangen ist, folgen prompt lautstarkes Geschrei und Protest. Daraus lernen die Welpen, wie weit sie gehen können, bevor es weh tut. Allerdings muss diese Lernerfahrung beim künftigen Welpenbesitzer konsequent fortgesetzt werden. Im Umgang mit der Mutter und anderen älteren Rudelmitgliedern lernen die Welpen den „Hundeknigge". Sie merken schnell, bei wem man was darf oder nicht und sie begreifen die Rangordnung innerhalb des Rudels, sofern ein solches vorhanden ist. Bei der Sozialisierung beteiligen sich alle Hunde aus dem Rudel. In der Regel verfährt die Mutter, wie bei uns Menschen oftmals auch, strenger mit ihren Sprösslingen als es die ganzen Tanten, Onkel, Cousins und Cousinen tun.

▶ **Das Ausloten** von Grenzen lernen die Welpen im Spiel mit den Wurfgeschwistern und anderen Hunden.

Prägung auf Menschen und auf andere Tiere

Die bereits in der Neugeborenenphase von Ihnen begonnene Prägung auf den Menschen wird nun, da der Welpe älter ist, fortgesetzt. Verbringen Sie bitte jetzt und in den folgenden Wochen bis zur Abgabe Ihrer Welpen so viel Zeit wie möglich mit den Kleinen. Es mag für Sie ausgesprochen anstrengend sein, aber ich kann Ihnen versichern, dass sich die ganze Mühe und Zeit lohnt. Das Ergebnis einer sehr guten Sozialisierung und Prägung sehen Sie spätestens dann, wenn aus Ihren Welpen erwachsene Hunde geworden sind. Alle positiven aber auch negativen Erlebnisse, die die Welpen in dieser wichtigen Zeit erfahren, hinterlassen einen bleibenden Eindruck.

Im Zeitraum bis etwa zur 16. Woche sind Ihre Welpen wie ein Schwamm. Alle Eindrücke, die sie in dieser Zeit erhalten oder die Sie ihnen verschaffen, werden aufgesaugt und abgespeichert. Diese biologische Gegebenheit können

▲ **Im Wasser** planschen ist ja sooo interesssant!

Sie wunderbar nutzen, um die Welpen mit allem bekannt zu machen, was ihnen in ihrem späteren, erwachsenen Hundeleben begegnen könnte. Bieten Sie den Kleinen einen möglichst vielseitigen Spielplatz an, sowohl drinnen wie auch draußen (siehe Seite 16). Stellen Sie jedoch nicht alles auf einmal in den Außenauslauf. Fügen Sie lieber alle zwei Tage einen neuen Gegenstand hinzu und entfernen hin und wieder ein anderes Objekt, das die Welpen schon kennen. Sorgen Sie für möglichst viel Abwechslung. Sie können auch bereits vertraute Gegenstände komplett umstellen oder miteinander zu etwas Neuem kombinieren, Ihrer Fantasie sind wirklich kaum Grenzen gesetzt. Nur sicher muss alles sein, das ist natürlich wichtig. Spannen Sie Flatterbänder, die bei Wind schön knattern und geben Sie den Welpen geräuschvolle Spielzeuge, die ordentlich Krach machen.

Machen Sie Ihre Welpen mit möglichst vielen Menschen vertraut: Senioren, Kindern, Babys, Erwachsenen, Männern und Frauen, Menschen mit Hut und weiten Mänteln, mit Regenschirm oder Stock, mit Gehwagen und Rollstuhl, Menschen mit Kopfverband und mit Sonnenbrille.

Führen Sie Ihre Welpen an andere Spezies heran, Katzen zum Beispiel oder Kaninchen, Kühe und Pferde. Machen Sie mit den älteren Welpen (siebte bis zehnte Woche) einen Ausflug zum Reiterhof in der Umgebung. Verfrachten Sie einen oder zwei der Kleinen samt der Mama ins Auto und fahren Sie dorthin. Lassen Sie die Welpen Stallluft wittern, das Wiehern der Pferde, Hufgetrappel und alle anderen Geräusche und Gerüche aufnehmen. Wiederholen Sie, sofern die Zeit noch reicht, diesen Besuch. Alternativ übergeben Sie diese Aufgabe an die neuen Familien.

Spielen mit den Welpen

Beschäftigen Sie sich so oft wie möglich mit Ihren Welpen. Nehmen Sie sie in die Hand, spielen Sie mit Ihnen, setzen Sie aber auch Grenzen. Hundemütter sind darin absolute Profis, also gucken Sie es sich von ihnen ab. Schmusen Sie mit den Kleinen, setzen Sie sich in den Außen- und den Innenauslauf und lassen Sie sich bekrabbeln. Da Sie ohnehin in mehr oder weniger dauerhaft schläfrigem Zustand herumlaufen, machen Sie doch einfach einen Mittagsschlaf inmitten der Welpenschar. Spätestens wenn alle wach sind und über Sie herfallen, bekommen Sie eine ungefähre Ahnung davon, was Ihre erwachsenen Hunde so alles über sich ergehen lassen und wie erstaunlich gelassen sie sich dabei verhalten.

▶ **Nanu, was** ist das denn? In dieser Phase sollten die Welpen verschiedenste Situationen kennen lernen.

Autofahren

Üben Sie mit den Welpen etwa ab der sechsten Woche das Autofahren. Setzen Sie die Kameraden in eine Gittertransportbox im Auto und die Mama daneben. Fahren Sie nur eine kleine Runde, fünf Minuten reichen völlig aus. Die kleinen Kerlchen werden Ihnen die Ohren volljammern, weil sie das Auto an sich, die Geräusche und vor allem das Schaukeln nicht gewöhnt sind. Es kann vorkommen, dass der eine oder andere Welpe stark zu speicheln anfängt. Das bedeutet, dass ihm vom Autofahren schlecht wird. Fahren Sie dennoch täglich ein- bis zweimal Ihre Runde von fünf Minuten, die Sie sukzessive verlängern können, je nachdem, wie es die kleine Schar verkraftet. Auch diese Aufgabe geben Sie an die neuen Familien weiter.

Beißhemmung

Beißhemmung bedeutet, dass der Welpe lernt, wie stark bzw. wie schwach er zubeißen darf. Und welche Folgen dies hat. Die Beißhemmung ist kein angeborenes, sondern ein erlerntes Verhalten. Wenn ein Welpe mit seinen spitzen Milchzähnen richtig zubeißt, kann er heftig blutende Verletzungen hinterlassen, besonders bei uns Menschen, die wir keinen so dichten und schützenden Pelz haben wie seine Geschwister. Wir dulden also keinesfalls wildes und heftiges Gebeiße, sondern schreien genauso durchdringend auf wie seine Wurfgeschwister, selbst wenn es uns nicht wirklich weh tut. Gleichzeitig wenden wir uns vom Welpen ab und gehen weg. So lernt der Welpe, dass dieses wilde, heftige Gezwicke einfach zu nichts führt und schlichtweg unerwünscht ist. Bis der Welpe die Beißhemmung erlernt hat, können Wochen vergehen. Sie als Züchter können hierfür lediglich den Grundstein legen. Die neuen Familien müssen Ihre begonnene Arbeit dann konsequent fortsetzen. In dieser Phase ist

▼ **Autsch! Welpenzähne** *sind scharf und spitz. Den moderaten Umgang damit muss der kleine Racker noch erlernen.*

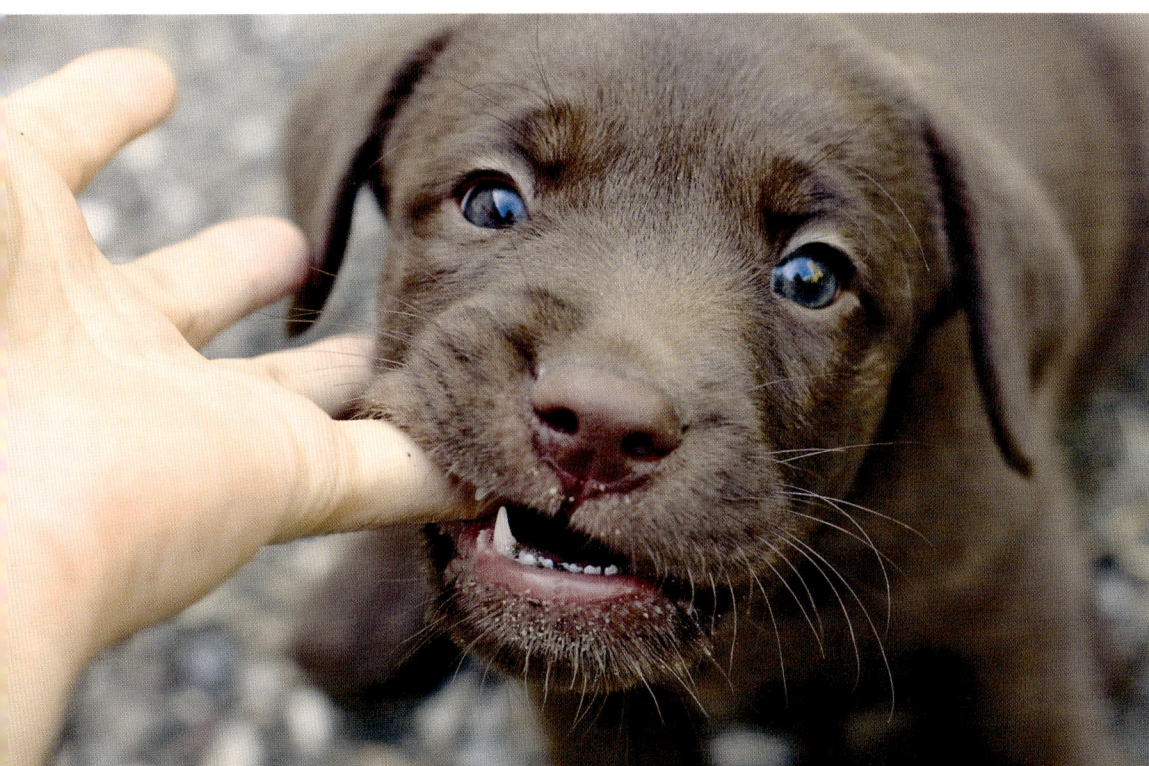

das Quietsche-Spielzeug nicht geeignet, denn wenn der Welpe in das Spielzeug beißt und es lustig quietscht, animiert es ihn, noch stärker zuzubeißen.

Entwöhnung von der Mutter

Zwischen der dritten und vierten Lebenswoche fangen wir behutsam an, die Welpen von der Mutter und der Muttermilch zu entwöhnen. Wir bewerkstelligen dies, indem wir einen speziellen Milchersatz („Welpenmilch") anrühren und zufüttern. Gleichzeitig werden die Besuche an Mamas Zitzen entsprechend reduziert. Dies geschieht zunächst im Wechsel: Wenn Trinkzeit ist, füttern wir stattdessen Welpenmilch. Die nächste Mahlzeit ist dann wieder bei Mama, dann wieder Welpenmilch usw.

Je nach dem Zustand der Mutterhündin kann man die Anzahl der Mahlzeiten bei ihr mehr oder weniger einschränken.

Langsam zufüttern

Unter Umständen kann mit der Zufütterung bereits nach der zweiten Woche begonnen werden, zum Beispiel bei mutterlosen Welpen oder wenn die Hündin wenig Milch hat. Zu allererst gewöhnt man die Welpen an Welpenmilch, dann an einen dünnflüssigen Welpenbrei, den es fertig als Pulver zu kaufen gibt. Die Kleinen müssen jedoch erst das Aufschlürfen lernen, was meist nicht auf Anhieb gelingt. Verwenden Sie hierzu flache Teller, damit die Welpen gut an den Brei herankommen. Die Sauerei, die hierbei anfangs veranstaltet wird, ist grandios! Da hilft nichts anderes als hinterher mit einem warmen, feuchten Lappen die kleinen gierigen Kerlchen zu reinigen. Die Hundemutter wird begeistert ihrem Sauberkeitsdrang nachgehen können und noch den letzten Rest Brei mit ihrer Zunge aus dem Fell herausschlecken.

Nach ein bis zwei Tagen wissen die Welpen, wie das Aufschlürfen geht. Nun kann man den Brei dicker und gehaltvoller ansetzen. Alternativ kann man das Welpenmilchpulver mit Babygrieß und Wasser anrühren. Unsere Welpen waren und sind regelmäßig begeistert davon. Allerdings führt diese Begeisterung meist dazu, dass sie irgendwann mitten im Brei sitzen und mampfen. Gleichzeitig lecken sie sich auch noch gegenseitig ab. Es bleibt Ihnen also nicht erspart, nach der „Brei-Schlacht" klebrige, sich windende Kerlchen wenigsten grob von Grießbreiresten zu befreien. Den Rest besorgt dann wieder die liebe Hundemutter.

Vergessen Sie über all der Welpenversorgung nicht, Ihrer Hündin immer die Reste dieser Welpenmahlzeiten hinzustellen. Sie ist völlig begierig darauf und es tut ihr gut. Der nährstoffhaltige Welpenbrei fördert bei ihr die Milchbildung und ist eine gehaltvolle Aufbaunahrung, die sie bei ihrer Schwerstarbeit, dem Säugen, unterstützt.

Verwenden Sie für die Breifütterung am besten einen Futterring aus Edelstahl. Das Fressen aus einem gemeinsamen Behältnis ist sehr appetitfördernd und die Welpen gewöhnen sich daran, friedlich mit- und nebeneinander zu fressen. Welpen, die das gemeinsame Fressen gelernt haben, haben eine wichtige Lektion für die Zukunft gelernt: Sie werden nicht futterneidisch. Wir konnten dies über die Jahre hinweg immer wieder beobachten. Wir haben unsere Welpen meist bis zur sechsten Woche aus dem Welpenring und später dann aus einer übergroßen Edelstahlpfanne fressen lassen. Es gab niemals irgendwelches Theater, ganz egal, ob wir Trockenfutter, Rinderhack, Pansen oder Fisch gefüttert haben.

Umstellung auf richtiges Futter

In der Regel kann man zwischen der zweiten und dritten Woche mit der Zufütterung von Welpenmilch beginnen. Nach vollendeter dritter Lebenswoche geht man zum Welpenbrei über. Sie werden schnell merken, ob Sie mit einem neuen Futter zu früh dran sind: Nach kurzem Beschnüffeln drehen die Welpen entweder gleich um oder aber sie fressen erst zögerlich und dann richtig gierig.

Ab der dritten bis vierten Woche haben wir angefangen, mageres Rinderhack einzuführen. Denn wir sind der Meinung: Alles, was der kleine Hund jetzt als Nahrung kennenlernt, wird er auch als ausgewachsener Hund fressen. Ein Hund, der alles frisst, macht es seiner neuen Familie leichter, zu entscheiden, ob sie künftig Frisch- oder lieber Trockenfutter geben wollen. Frischfutteranhänger müssen die Mahlzeiten so zusammenstellen, dass besonders der junge, im Wachstum begriffene Hund ein Futter mit ausgewogener Nährstoffzusammensetzung und Energiebilanz erhält. Hier im Detail darauf einzugehen, würde definitiv den Rahmen des vorliegenden Buches sprengen, es sei an dieser Stelle auf die entsprechende Literatur verwiesen.

Nach der Welpenmilch und dem Welpenbrei folgt die Umstellung auf richtiges Futter. Will man ihn an rohes Fleisch gewöhnen, geht man wie folgt vor: Man nimmt sich jeden Welpen einzeln vor, am besten setzt man ihn sich auf den Schoß. Als erste Fleischmahlzeit eignet sich Rinderhack hervorragend. Man nimmt etwas Rinderhack zwischen zwei Finger und bietet es dem Welpen an. Nach den ersten paar Bissen kommt jeder Welpe auf den Geschmack. Nun kann man die restliche Portion Hackfleisch in kleinen Bröckchen auf einen flachen Teller legen. So verfährt man mit jedem Welpen einzeln. Man fängt mit einer Fleischmahlzeit pro Tag an. Mit der Rohfleischfütterung beginnt man etwa ab der dritten bis vierten Woche. Allmählich nimmt man immer neue Lebensmittel hinzu: Hühnchen (gekocht, wegen Salmonellen), Fisch (gekocht), Garnelen/Shrimps (gekocht), Gemüse (gekocht/püriert), Obst (püriert/roh), Kräuter (kleingehackt, frisch, oder pulverisiert), Eier (gekocht oder gerührt),

▶ **Etwa ab** der fünften bis sechsten Woche kann man die Welpen komplett mit richtigem Futter versorgen.

▼ **Menüvorschläge** für die dritte bis zwölfte Lebenswoche

Uhrzeit	Menüvorschlag für 3.-4. Woche
7-8 Uhr	Welpenbrei (dünn)
10-11 Uhr	Welpenbrei mit geriebenem Apfel (dünn)
13-14 Uhr	Welpenbrei (dick)
16-17 Uhr	Welpenbrei (dünn)
20-21 Uhr	Welpenbrei, mit Bananenmus (dick)
23-24 Uhr	1 Portion Rinderhack (je nach Rasse mit 30-50 g beginnen), roh
Uhrzeit	**Menüvorschlag für 4.-6. Woche**
7-8 Uhr	Welpenbrei mit oder ohne Banane oder Apfel (dick)
10-11 Uhr	eingeweichter Zwieback mit Apfel-Bananen-Mus
13-14 Uhr	1 Portion Rinderhack, roh oder zartes Rindfleisch, roh
16-17 Uhr	Welpenbrei (dick)
20-21 Uhr	etwas gekochter Fisch oder gekochtes Hühnchen, Rührei mit Frischkäse oder Quark oder Mozzarella oder ungewürzte Nudelsuppe (aus Huhn oder Rind) mit gekochtem Gemüse und gekochtem Hühner-/Rindfleisch, Getreideflocken (Hafer, Hirse, Reis), glutenfreies Getreide wie Buchweizen, Quinoa, Amaranth
23-24 Uhr	1 Portion Rinderhack, roh
Uhrzeit	**Menüvorschlag für 6.-8. Woche**
7-8 Uhr	Welpenbrei (dick), alternativ eingeweichtes Trockenfutter
11-12 Uhr	zartes Rindfleisch roh, mit oder ohne grünem Blättermagen oder grünem Pansen, gekochtes Hühnchen, gekochter Fisch, eingeweichte Gemüseflocken, gekochte Karotten oder anstatt Frischfleisch eingeweichtes Trockenfutter, Getreideflocken (Hafer, Hirse, Reis), glutenfreies Getreide wie Buchweizen, Quinoa, Amaranth
16-17 Uhr	Frischkäse mit Rührei oder gekochtem Ei, kleine getrocknete Fische (Sprotten), getrocknete Shrimps
21-22 Uhr	zartes Rindfleisch, roh, mit gekochten Zucchini oder eingeweichten Gemüseflocken oder gekochten Karotten oder anstatt Frischfleisch eingeweichtes Trockenfutter
Uhrzeit	**Menüvorschlag 8.-12. Woche**
7-8 Uhr	eingeweichtes Trockenfutter mit gekochtem Gemüse oder Obst oder Gemüseflocken
12-13 Uhr	gekochter Fisch, gekochtes Hühnchen, gekochtes Ei mit Quark oder Frischkäse, gekochtes Gemüse oder Gemüseflocken, kleine getrocknete Fische (Sprotten), getrocknete Shrimps, gekochter Fisch
17-18 Uhr	eingeweichtes Trockenfutter mit gekochtem Gemüse oder Obst oder Gemüseflocken, gekochter Fisch

Die oben aufgeführte Tabelle enthält lediglich Vorschläge. Sie soll zeigen, welche Möglichkeiten Sie haben, einen abwechslungsreichen Futterplan zu gestalten. Unter „Rohfleisch" verstehen wir Fleisch, das im Vorfeld tiefgefroren wurde.

Milchprodukte (Frischkäse, Quark, Mozzarella), Nudeln, Reis und dergleichen mehr. Desweiteren bieten wir unseren Welpen zwischendurch immer Knochen zum Kauen an. Am besten eignen sich in mundgerechte Stücke zerlegte Kalbsbrustbeinknochen. Auch Hühnerhälse sind in Ordnung, da deren Knochen nicht splittern und somit für unsere Welpen keine Gefahr darstellen.

Etwa ab der fünften bis sechsten Woche kann man Welpen an ein qualitativ hochwertiges Trockenfutter gewöhnen, das Sie dann auch Ihren Welpenkäufern empfehlen und mitgeben können.

Anfangs erhalten die Welpen sechs Mahlzeiten pro Tag, dann wird bis zur Abgabe der Welpen reduziert auf fünf und schließlich auf vier. Bei den neuen Familien nehmen sie zunächst noch vier Mahlzeiten ein, wobei die Zahl der Mahlzeiten zwischen dem dritten und sechsten Monat auf drei und später, wenn der Hund älter ist, auf zwei pro Tag reduziert wird.

Beim Genuss eines Riegels Schokolade oder frischer Trauben bekommt auch Ihr Hund das eine oder andere Häppchen ab? „Schadet ja nichts", denken Sie, „gibt es ja nur gelegentlich". Dabei liegt die Betonung auf gelegentlich. Wenn Ihr Vierbeiner drei Mal im Jahr ein kleines Stückchen Schokolade erhält oder ein paar Trauben nascht, ist dies sicherlich nicht lebensbedrohlich für ihn. Schädlich allerdings ist es für ihn, wenn er öfter kleine Mengen erhält, und die auch noch ganz regelmäßig. Aus diesem Grund haben wir für Sie die nachfolgende Tabelle über Nahrungsmittel erstellt, von denen man vielleicht nicht sofort

▼ **Bestimmte** Nahrungsmittel sind für Hunde ungeeignet

Auberginen, roh und gekocht	verursachen Darmbeschwerden und sind schleimhautreizend
Avocado	die ganze Pflanze ist giftig, ihr Verzehr kann zu Herz-Muskelschädigungen und zum Tod führen
Holunderbeeren, roh	verursachen Brechreiz und schwere Durchfälle
Kartoffeln, roh	unverträglich und unverdaulich
Kohl (Wirsing, Weiß- und Rotkohl)	verursachen Blähungen
Nüsse	enthalten sehr viel Phosphor, daher können sie zu Störungen des Knochenstoffwechsels führen. Besondere Vorsicht bei Macadamia: Fieber, Zittern, Lahmheit (schon bei sehr kleinen Mengen)
Rosinen	14 g Rosinen pro kg Körpergewicht können für den Hund tödlich sein (hängt vom einzelnen Hund ab)
Schokolade (Kakao)	enthält für den Hund giftiges Theobromin, 60 g Milchschokolade bzw. 8 g Blockschokolade pro kg Körpergewicht können einen Hund vergiften. Auch schleichende Vergiftung (kleine Mengen über viele Wochen) ist möglich
Weintrauben	11,6 g Trauben pro kg Körpergewicht können zu Vergiftungserscheinungen führen (hängt vom einzelnen Hund ab)
Xylitol	der Zuckeraustauschstoff Xylitol ist in Bonbons, Keksen und Ketchup enthalten, bedrohliches Absinken des Blutzuckerspiegels, Koma
Zwiebeln, roh und gekocht	ihre Inhaltsstoffe greifen die roten Blutkörperchen an

▶ **Hier besteht** *keine Gefahr: Eine rohe Möhre ist für den Vierbeiner völlig unbedenklich.*

▼ **Diese Nahrungsmittel** sollten für den Hund gekocht werden

Eier	Eier enthalten im Eiweiß Avidin, ein Protein, das im rohen Zustand das Biotin bindet. Biotin ist für den Fett- und Kohlenhydratstoffwechsel wichtig, ebenso für Haut und Fell. Daher entweder das ganze Ei kochen oder nur das Eigelb roh geben.
Fisch	Fisch enthält Thiaminase, die das Vitamin B1 in der Nahrung zerstören und so einen Vitaminmangel verursachen können. Kochen zerstört die Thiaminase.
Geflügel	Rohes Geflügel kann Salmonellen enthalten, diese werden jedoch durch zehnminütiges Erhitzen auf über 70 °C vernichtet.
Gemüse	Gemüse hat ein starkes Fasergerüst, das durch Garen oder Kochen aufgebrochen wird. Dadurch wird das Gemüse für den Hund leicht verwertbar, analog zu bereits vorverdautem Grünzeug aus dem Magen eines Beutetiers.
Schweinefleisch	Muss immer gekocht werden, da es den Erreger der Aujeszkyschen Krankheit (endet immer tödlich, keine Behandlung möglich) enthalten kann! Kochen tötet dieses Virus ab.

annimmt, dass sie einem Hund gefährlich werden können.

Manche Nahrungsmittel kann der Hund in gekochtem Zustand besser verwerten als in rohem. Außerdem kann beispielsweise rohes Geflügelfleisch Salmonellen enthalten, die aber durch starkes Erhitzen abgetötet werden. Bei rohem Schweinefleisch wird es für den Hund lebensgefährlich: Es kann ein Virus enthalten, das zu Gehirn- und Rückenmarksentzündung und rasch zum Tode führt. Schweinefleisch muss also unbedingt immer abgekocht werden.

Gewichtskontrolle

Kontrollieren Sie weiterhin das Gewicht der Welpen (siehe Gewichtstabelle). Mit zunehmendem Wachstum werden die Welpen immer zappeliger und das Wiegen wird zunehmend zum Geschicklichkeitstest für Sie.

Das Welpen-Klo

Installieren Sie bereits im Innenkennel eine Klo-Ecke, die Sie mit Krankenhausunterlagen auslegen. Dort sollen die Welpen ihre diversen Geschäfte erledigen. Inzwischen erkennen Sie mit geübtem Blick, wenn ein Welpe suchend umherläuft und dabei leise Grunzlaute von sich gibt. Das ist ein sicheres Zeichen dafür, dass er gleich ein Geschäft machen muss. Heben Sie ihn schnell auf und setzen ihn einfach in die speziell dafür eingerichtete Klo-Ecke. Sie werden staunen, wie rasch die Kleinen sich daran gewöhnen und bald automatisch genau dort lösen!

Im Außenauslauf wird dieses Verhalten in der Regel beibehalten. Die Welpen suchen sich dort eine geeignete Klo-Ecke aus. Halten Sie die Ausläufe grundsätzlich immer sehr sauber und sammeln Sie die Häufchen ein. Das verringert die Ausbreitung von eventuellen Keimen oder Bakterien.

Körperpflege

Legen Sie immer wieder einmal eine Pflegestunde ein. Kontrollieren Sie gründlich Augen, Ohren, Pfoten, Zähne, Nabel, Genitalien, Hinterteil,

Fell – kurzum, den ganzen Hund. Schneiden Sie regelmäßig die kleinen Krällchen, schauen Sie den Kerlchen ins Maul. Selbst wenn Sie genau wissen, dass alles in Ordnung ist – machen Sie es trotzdem! So gewöhnen Sie Ihre Welpen daran, angefasst zu werden und einfach auch einmal stillhalten zu müssen. Eine äußerst wichtige Lektion für den Tierarztbesuch und andere Gelegenheiten.

Halsband und Leine

Fangen Sie bereits ab der sechsten Woche mit dem Halsbandtraining an. Am besten schnallen Sie das Halsband vor jeder Fütterung um. In kürzester Zeit verknüpfen die Welpen die Halsbänder mit dem tollen Ereignis des Fressens und werden

▲ **Ab der** sechsten Woche kann man die Kleinen ans Halsband gewöhnen.

sich klaglos ihre Halsbänder anlegen lassen. Lassen Sie die Kleinen danach ihre Halsbänder immer ein paar Minuten länger tragen. Zum Zeitpunkt, wenn Sie die Welpen abgeben, ist das Halsband für sie dann gar kein Thema mehr. Vorsicht: Lassen Sie die Welpen nicht mit Halsband spielen! Zum Spielen muss es unbedingt abgenommen werden. Die Welpen könnten irgendwo hängenbleiben, sich verheddern oder sich sogar Zahnverletzungen zuziehen, wenn sie sich mit ihren Zähnchen im Metallring des Halsbands verhaken.

Je nachdem, wie es Ihre Zeit erlaubt, können Sie schon mit der Gewöhnung an die Leine beginnen. Befestigen Sie sie einmal kurz am Halsband, laufen zwei, drei Schritte – das genügt in diesem frühen Lebensalter meist schon. Wiederholen Sie diese kurze Übung des Öfteren. Sie bewirkt, dass die Welpen das Befestigen der Leine am Halsband tolerieren. Alles Nachfolgende überlassen Sie getrost den neuen Familien.

Treppensteigen

Besonders die groß- und daher schnellwüchsigen Rassen haben eine sehr sensible Knochenskelettentwicklung. Ein ständiges Treppauf-Treppab der Welpen und Junghunde belastet ihre Gelenke sehr stark. Ganz besonders beim Abwärtslaufen der Treppen kann es zu bleibenden Schäden an Knochen und Gelenken führen. Das heißt jedoch nicht, dass ein Welpe oder Junghund überhaupt gar keine Treppen laufen darf. Ein Hund, der als Welpe bzw. Junghund niemals Treppen kennengelernt hat, wird als erwachsener Hund stets Angst davor haben.

Also fassen Sie sich ein Herz und üben Sie mit den Welpen ab der siebten Lebenswoche gelegentlich zunächst das Hochsteigen. Es genügen hier schon ein bis zwei Stufen. Haben Sie zufälligerweise eine kurze Treppe von vier Stufen, ist diese das ideale Treppenlaufen-Lernobjekt. Lassen Sie immer nur einen Welpen allein die Treppe bewältigen. Er darf sich der Treppe nähern, sie beschnuppern und versuchen, ob er es alleine schafft. Beobachten Sie einfach, was er von sich aus anstellt. Greifen Sie nur dann ein, wenn Sie das Gefühl haben, er könnte sich gefährden. Das Heruntersteigen ist etwas schwieriger und man sollte hier wirklich zunächst mit einer einzigen Stufe beginnen. Setzen Sie den Welpen auf die unterste Stufe und locken Sie ihn dann auf den Treppenabsatz.

Treppensteigen zu lernen ist eine wichtige Übung für das Selbstbewusstsein eines jungen Hundes. Man sollte diese Übung jedoch nicht übertreiben sondern eher zwischendurch, vielleicht einmal pro Woche, durchführen. Sind die Welpen erst einmal Junghunde von vier bis sechs Monaten, sind Treppen für sie kein Problem mehr. Auch hier gilt: Die neuen Familien sollten die von Ihnen begonnene Arbeit zuhause nach Ihren Vorgaben fortsetzen.

Juvenile und Rangordnungsphase

Die juvenile Phase, die vom vierten Lebensmonat bis zur Reife des Hundes reicht (das ist rasseabhängig im Alter zwischen eineinhalb und vier Jahren), durchlebt unser Welpe bereits bei seiner neuen Familie. Im dritten und vierten Monat prägen alle Erlebnisse, die unser Welpe bei seiner neuen Familie sowie in seiner Umgebung erfährt, sein Wesen. In dieser Phase sind Wesenseigenschaften noch sehr leicht formbar. Ein gutes Beispiel hierfür ist die Stubenreinheit. An dieser sollte in der juvenilen Phase gearbeitet werden, sodass sie sich festigt und der junge Hund lernt, seine Geschäfte draußen, nicht drinnen zu erledigen.

Zwischen dem fünften und sechsten Monat beginnt die Rangordnungsphase, die in die Pubertät übergeht. Das bedeutet im Klartext: Der junge Hund testet aus, wie weit er gehen kann. Alles, was er bisher gelernt zu haben scheint, ist komplett vergessen. Von Gehorsam kann keine Rede mehr sein. Ausbüchsen und Quatsch machen sind an der Tagesordnung. Als ob das noch nicht genug wäre, wird jetzt offensiv das Selbstbewusstsein zur Schau gestellt. Ebenfalls in diese Zeit fällt ein zunehmendes Angstverhalten sowohl vor Veränderungen als auch vor neuen Ereignissen. Desweiteren findet in diesem Zeitraum der Zahnwechsel statt. Der junge Hund erreicht in diesem Zeitraum die Geschlechtsreife.

Während dieser Rangordnungsphase ist es wichtig, dass der Mensch sich als Orientierungsperson für den jungen Hund behauptet und ihm seinen Platz in der Hierarchie seines neuen sozialen Verbandes zuweist. Hier ist unbedingt Eindeutigkeit und Konsequenz gefragt! Sozial- und Umweltkontakte müssen gefestigt werden, Neues darf gelernt werden. Ferner ist in dieser Entwicklungsphase die konsequente Durchsetzung von Alltagsregeln an der Tagesordnung ebenso wie der Beginn des Gehorsamstrainings. Je intensiver man sich mit dem Hund beschäftigt, umso stärker wird die Bindung zwischen Hund und Halter. Eine starke Bindung wiederum erleichtert so manches Training und Üben.

Verhaltensstörungen bei Welpen und Junghunden

Starke negative Erlebnisse können zu Verhaltensstörungen bei den Welpen führen, die sich oftmals erst später, im Jugend- oder Erwachsenenalter zeigen. Zum Beispiel, wenn ein Welpe von der Mutterhündin gebissen wurde. Oder auch starker Stress in der Welpenzeit, hervorgerufen etwa durch das parallele Aufwachsen zweier Würfe mit Hundemüttern, die sich absolut nicht vertrugen. Auch fehlende Umweltreize, fehlende Sozialisierung durch Menschen, Vernachlässigung, unangemessene Aggression von Seiten anderer erwachsener Hunde usw. gehören dazu.

Entwurmung der Welpen

Auf Grund des Entwicklungskreislaufs von Würmern sollten die Welpen alle zwei Wochen entwurmt werden. Es gibt auch Mittel, mit denen man nach der ersten Entwurmung erst wieder nach vier Wochen entwurmt. Entwurmungsmittel gibt es als Paste, Tablette oder Suspension, da kann Ihnen Ihr Tierarzt am besten weiterhelfen. Es kommt vor, dass die Welpen das eine Mittel besser vertragen als ein anderes. Begeistert sind sie alle nicht davon.

▶ **Die Welpen** und ihre Mutterhündin werden gleichzeitig entwurmt.

▼ **Derzeit übliche** Grundimmunisierung für Welpen

Zeitpunkt der Impfungen	Gegen folgende Krankheiten
8. Lebenswoche	Staupe, Hcc*, Parvovirose, Leptospirose, Parainfluenza (Zwingerhusten)
12. Lebenswoche	Staupe, Hcc, Parvovirose, Leptospirose, Tollwut, Parainfluenza (Zwingerhusten)
16. Lebenswoche	Staupe, Hcc, Parvovirose, Leptospirose, Tollwut, Parainfluenza (Zwingerhusten)
1 Jahr später (also 15.-16. Lebensmonat)	Staupe, Hcc, Parvovirose, Leptospirose, Tollwut, Parainfluenza (Zwingerhusten)
* Hcc = Hepatitis contagiosa canis	

Ganz wichtig: Parallel zur Entwurmung der Kleinen muss die Mutterhündin ebenfalls entwurmt werden. Und zwar jeweils mit demselben Mittel, nur in angepasster Dosierung.

Die übrigen Hunde im Rudel sollten am Tag der Geburt und dann wieder in der zwölften Woche entwurmt werden. Übernimmt jedoch eine andere Hündin die Mutterpflichten, dann ist für sie dieselbe Entwurmungsprozedur fällig wie ursprünglich für die Mutterhündin.

Impfung der Welpen

Impfungen haben den Zweck, eine belastbare Immunität gegen verschiedene Krankheiten auszubilden. Dabei werden sogenannte Antikörper gebildet, die die jeweiligen Erreger erkennen. Diese Antikörper werden von der Mutter über die Muttermilch an die Welpen abgegeben und schützen diese vor einer Infektion. Diese Antikörper nennt man maternale (mütterliche) Antikörper. Der Organismus der Welpen baut diese Antikörper im Lauf der Zeit jedoch ab. Das bedeutet, der Welpe besitzt zwar einen passiven Schutz durch die mütterlichen Antikörper, dieser ist jedoch zeitlich begrenzt. Der Welpe erreicht dann die sogenannte „kritische Phase", auch immunologische Lücke genannt. Zu diesem Zeitpunkt verfügt der Welpe noch über eine Restmenge maternaler Antikörper, die in der Regel zwar nicht mehr ausreichend

schützen, jedoch die Ausbildung einer eigenen Impfimmunität verhindern. Diese „kritische Phase" liegt zeitlich zwischen der neunten und 15. Lebenswoche, manchmal auch schon früher. Es liegt auf der Hand, dass die Welpen eine Grundimmunisierung brauchen, die durch Folgeimpfungen aufgebaut und später durch Wiederholungsimpfungen aufgefrischt wird. Auch dies ist eine wichtige Aufgabe für die neuen Familien, in die Ihre Welpen kommen. Denn nur so erhalten die Hunde eine wirklich belastbare Immunität gegen die jeweiligen Erreger.

Achten Sie darauf, dass Ihre Tiere, Welpen wie Erwachsene, etwa zehn bis 14 Tage vor der geplanten Impfung entwurmt werden. Das wird deshalb empfohlen, weil ein Wurmbefall für die Impfkandidaten ein physiologischer Stressfaktor ist. Ein gestresster und dadurch geschwächter Welpe hat jedoch mehr Probleme damit, eine Impfung zu verarbeiten. Es besteht auch die Möglichkeit, dass die Antikörper-Reaktion viel schwächer ausfällt.

Je nachdem, ob Sie Ihre Welpen exakt mit Vollendung der achten Woche oder erst später abgeben, können Sie die Impfung(en) um eine Woche nach hinten verschieben. Unseren Welpen ist daraus kein Nachteil erwachsen. Wir hatten eher den Eindruck, dass die Welpen eine Impfung in der neunten Woche besser verarbeiteten als in der achten Woche.

Es kann passieren, dass die Welpen ein bis zwei Tage nach der Impfung müde und antriebslos sind. Sie schlafen viel, fressen zwar ganz gut, sind aber im Gegensatz zu sonst sehr ruhig. Sie erholen sich jedoch schon im Laufe des zweiten Tages. Meist sind sie am dritten Tag so lautstark und fidel wie eh und je. Für den Fall, dass wider Erwarten eine stärkere Reaktion auf die Impfung erfolgen sollte, planen Sie Ihren Abgabetermin möglichst so ein, dass die Welpen nach dem Impfen bei Ihnen noch ein paar Tage unter Beobachtung stehen.

Im Jahre 2006 wurde die Verordnung für die Tollwutimpfung dahingehend geändert, dass nun auch Impfstoffe zugelassen sind, die drei Jahre lang wirksam sind. Bei uns ist jedoch schon mehrfach der Fall aufgetreten, dass bereits sechs Monate nach der Impfung eines für ein Jahr zugelassenen Impfstoffes der Hund keinerlei Antikörper mehr gegen Tollwut aufwies. Da bei uns auch mehrere Hunde zuhause sind, wir auf den Hundeplatz, auf Ausstellungen und

ähnliches gehen, praktiziere ich nach wie vor die jährliche Impfung gegen Tollwut, Zwingerhusten und Leptospirose. Gegen Staupe, Hepatitis und Parvovirose kann man alle zwei oder drei Jahre impfen lassen. Wenn Sie unsicher sind, beraten Sie sich mit Ihrem Tierarzt. Er wird die Lebensumstände Ihrer Hunde berücksichtigen und dann eine Impfempfehlung aussprechen, wogegen und wie häufig Sie impfen sollten.

Canines Herpesvirus

Das canine Herpesvirus (CHV-1) tritt weltweit auf. Am häufigsten wird es durch Tröpfcheninfektion, also durch Belecken und Beschnuppern übertragen. Welpen werden bei der Geburt durch das infizierte Vaginalsekret ihrer Mutter angesteckt. Betroffene Welpen sind apathisch, saugen nicht, wimmern, haben Durchfall, ihr Bauch ist angespannt. Das Herpesvirus führt innerhalb von 24-48 Stunden nach Auftreten der ersten Symptome zum Tod.

▶ **Nach einer** Impfung sind die Welpen oft ein bis zwei Tage sehr schläfrig.

◄ **Welcher Welpe** passt zu welcher Familie?
*Sie als Züchter kennen die kleinen Racker seit ihrer
Geburt und können am besten einschätzen, wer
zusammen passt.*

erhalten sie über die erste Muttermilch mütterliche Antikörper (kolostrale Antikörper) gegen
diese Erkrankung und sind somit gegen eine
Infektion mit dem Virus geschützt.
Eine Behandlung zur vollständigen Elimination (Entfernung) des Virus gibt es nicht. In
Problemzuchten kann man seiner Hündin
vorbeugend eine erste Impfung zum Deckzeitpunkt und eine zweite Impfung sechs bis sieben
Wochen später geben lassen. Dieses Impfschema
sollte dann bei jeder Trächtigkeit beibehalten
werden.

Chippen der Welpen

Gleichzeitig mit ihrer ersten Impfung werden
die Welpen gechippt. Ein Chip ist ein winziger
Transponder, der in einer reiskorngroßen Kapsel
steckt, die zumeist vor der linken Schulter unter
die Haut injiziert wird. Jeder Transponder
enthält einen weltweit einmaligen Zahlencode,
der mit einem sogenannten Scanner (Chip-Le-
segerät) gelesen werden kann. Jedem Chip liegen
sechs Klebeetiketten mit dem Zahlencode bei.
Einer wird in den Impfpass (Heimtierausweis)
geklebt, einer kommt auf die Wurfmeldung an
den Verein, einer auf die Anmeldung bei einem
Heimtierregister. Die restlichen drei Etiketten
werden dem Welpenkäufer zur Verwahrung
ausgehändigt.

Abgabe der Welpen

Für Sie als Züchter naht nun der Tag, an dem
Sie Ihre heißgeliebten kleinen Hundebabys
an ihre neuen Familien abgeben. Aus eigener Erfahrung weiß ich, wie schwer einem dabei
das Herz wird. Schließlich sind Sie ja so vertraut
mit den kleinen Kerlchen und kennen sie in-
und auswendig. Genau diese Kenntnis ist für die

Infiziert sich eine Hündin während der Trächtigkeit mit dem caninen Herpesirus, kann sie den
Erreger im Mutterleib auf die Welpen übertragen.
Dann besteht die Möglichkeit, dass die Föten
bereits im Mutterleib absterben. Werden die Welpen während der Geburt infiziert, so führt diese
Infektion zum sogenannten „Welpensterben"
innerhalb der ersten zwei bis drei Lebenswochen.
Zieht sich Ihre Zuchthündin im nicht-trächtigen
Zustand eine Herpesinfektion zu, sind davon
meist die Atemwege leicht betroffen. Nach überstandener Infektion ist die Hündin gegen diese
Krankheit immun, da sie entsprechende Antikörper gebildet hat. Hat sie nun zu einem beliebigen
Zeitpunkt nach überstandener Infektion Welpen,

▼ Die Wurfabnahme

Überprüfung von:	Untersuchung
jedem einzelnen Welpen	Augen, Ohren, Zähne (auf Zahnfehler), Pfoten, Krallen, Nabel, Penis, Vulva (Schlupfschnalle), Fell
	Beim Rüden: Sind beide Hoden abgestiegen?
	Gewichtskontrolle
	Fütterung (was alles gefüttert wurde), ab wann Zufütterung erfolgte usw.
	Pflegezustand allgemein, Verhalten (sicher, unsicher, fröhlich usw.), Verhalten gegenüber anderen Rudelmitgliedern und Menschen
Mutterhündin	Gesäuge-Rückbildung, allgemeiner Pflegezustand (Aussehen, Fell, Munterkeit), Kaiserschnitt ja/nein, Geburtsverlauf
anderen Rudelmitgliedern	Verhalten aller Hunde zueinander
Zuchtstätte	Zustand, Sauberkeit und Hygiene, auch in den Ausläufen
	Einrichtung der Ausläufe, geeignete Objekte usw.
	Kontrolle des Zuchtstättenabnahme-Protokolls
Papieren	Impfpässe, Chipkontrolle, Geburts- und Gewichtsprotokoll, tägl. Aufzeichnungen

neuen Familien ungeheuer wertvoll. Denn Sie haben die kleinen Welpen von der Stunde Null bis zur Abgabe jede Minute ihres Lebens begleitet und können am besten beurteilen, welches Welpentemperament zu welcher Familie passt.

Wurfabnahme durch den Zuchtverein

Vor der Wurfabnahme durch den Zuchtwart Ihres Zuchtvereins müssen Ihre Welpen geimpft und gechippt sein. Außerdem müssen sie mindestens die achte Lebenswoche vollendet und ein in der Zuchtordnung Ihrer Rasse festgelegtes Gewicht haben. Erst dann dürfen sie an die neuen Familien abgegeben werden. Vereinbaren Sie rechtzeitig mit einem Zuchtwart Ihres Vereins einen Termin zur Wurfabnahme.

In einem Wurfabnahmebericht wird der Zuchtwart alle seine Beobachtungen festhalten. Eine Ausfertigung des Berichts erhalten Sie, eine zweite wandert in den Ordner des Zuchtwarts und die dritte erhält der Zuchtverein. Je nach Rasse sind Sie verpflichtet, bei Abgabe Ihrer Welpen jedem Welpenkäufer eine Kopie dieses Abnahmeberichtes mitzugeben.

▼ *Diese Plakette* zeigt, dass ein Züchter Mitglied im VDH ist.

*◀ **Die neuen** Besitzer müssen sich um die Erziehung des neuen Familienmitglieds kümmern. Regelmäßige Besuche in der Hundeschule gehören mit dazu.*

Welpenliste im Zuchtverein

Die meisten Zuchtvereine führen Listen, in denen sie die zu erwartenden sowie die bereits vorhandenen Würfe aufführen. Diese Listen sind inzwischen alle per Internet zugänglich. Dort können sich potenzielle Welpenkäufer über zum Verkauf stehende Welpen informieren bzw. direkt auf Ihre Homepage gelangen. Desweiteren führt der VDH ebenfalls eine Liste von VDH-anerkannten Züchtern. Wer sich um Aufnahme in diese Liste bewirbt, muss einen Antrag stellen. Der VDH zieht daraufhin Erkundigungen bei dem jeweiligen Rasseverein über diesen Züchter ein und nimmt ihn in die VDH-Liste auf, wenn nichts Negatives gegen ihn vorliegt.

Die neuen Familien

Wir haben es bereits eingangs erwähnt: Eine Ihrer größten Verantwortungen als Züchter ist die Auswahl von bestens geeigneten Familien für Ihre Welpen. Dies ist ein sehr zeitintensives Unterfangen. Suchen Sie rechtzeitig bereits im Vorfeld nach solchen Familien. Am besten gelingt das über eine eigene Homepage oder aber über den VDH oder Ihren Zuchtverein. Dazu eignet sich eine Ankündigung auf Ihrer Homepage, dass Sie einen Wurf für einen bestimmten Zeitraum planen. Diese Ankündigung aktualisieren Sie natürlich, sobald der Wurf auch tatsächlich da ist. Darüber hinaus können Sie Ihren Wurf auch in die Welpenliste Ihres Vereins aufnehmen lassen. Die Familien, die sich für die von Ihnen gezüchtete Rasse interessieren, werden auch zu Ihnen finden. Wenn Sie in Regionalzeitungen oder ähnlichen Medien Anzeigen schalten, müssen Sie damit rechnen, dass Sie Interessenten anlocken, die ganz schnell ganz billig einen Hund haben möchten. Überlegen Sie sich gut, ob das wirklich der Weg ist, den Sie gehen wollen. Werden Ihre

Welpen auf diese Weise in gute Hände gelangen? Erkundigen Sie sich bei Ihrem Zuchtverein nach dem Durchschnittspreis für einen Welpen Ihrer Rasse. Setzen Sie den Preis entweder genauso an oder aber etwas höher, nach dem Motto „was nichts kostet, ist nichts wert". Verhandeln Sie niemals über den Preis für einen Ihrer Welpen. Vereinbaren Sie Besuchstermine und nehmen Sie sich für diese persönlichen Gespräche sehr viel Zeit. Bei uns waren mehrfache Gespräche und Besuche pro neuer Familie von fünf Stunden oder gar noch länger keine Seltenheit. Rückblickend betrachtet kann ich guten Gewissens sagen: Dieser große Zeitaufwand war es wert, er hat sich absolut gelohnt! Ich habe noch heute mit allen Familien Kontakt und es gab zwischendurch immer wieder Fragen oder Anliegen, die ich jedes Mal gerne erörtert habe. Aus dieser Zeit rühren einige neue Freundschaften her, die bis heute anhalten und die wir nicht mehr missen mögen.

Machen Sie sich eine Liste der Familien, die Ihnen besonders liegen, von denen Sie glauben, dass sie sehr gut für Ihre Welpen geeignet sind. Überlegen Sie für sich im stillen Kämmerlein, welche Familien auf Ihrer Liste Sie sich für Ihre Welpen wünschen. Es sollte zumindest ein Erwachsener ständig im Hause sein, zumindest solange, bis aus Ihrem kleinen Herzelchen ein ausgewachsener Vierbeiner geworden ist. Wenn Ihre Wunschfamilie dann auch noch finanziell nicht ganz schlecht aufgestellt ist, umso besser. Die Tierarztrechnungen und das Futter wollen schließlich auch bezahlt sein. „Last but not least" wäre es zu wünschen, dass sich die neue Familie wirklich mit dem Hund befasst. Sie besuchen Welpenkurse und andere Hundekurse, die von Ihnen begonnene Sozialisierung wird so gut wie möglich weitergeführt und bei Fragen, Unsicherheiten, Problemen wenden sie sich an Sie.

Meist sind Besuche nach vollendeter dritter Lebenswoche möglich. Lassen Sie die neuen Familien möglichst oft kommen, aber achten

Sie darauf, dass die Welpen ausreichend Pause zwischen den Besuchen haben. Alle drei Tage einen halbtägigen Besuch, das verkraften sie gut. Je älter die Welpen werden, umso selbstbewusster sind sie dann auch und umso besser können sie mit Besuch umgehen.

Spannen Sie die neuen Familien gleich in Ihre tägliche Arbeit ein. Sie werden es nicht glauben, aber Sie machen den Leuten eine Riesenfreude. Gleichzeitig tun Sie Ihren Welpen etwas sehr Gutes, indem Sie sie mit neuen Menschen, kleinen wie großen, bekanntmachen und sozialisieren. Nutzen Sie diese Besuche, um Ihren Käufern zu erklären, wie Sie einen Welpen am besten hochheben, ihn halten, wie das mit dem Füttern und dem Erlernen der Beißhemmung geht. Lassen Sie die Käufer ruhig mal so einen breiverklebten kleinen Stinker grundreinigen!

Das sind dann die goldenen Minuten, in denen Sie in sich hineingrinsen dürfen.

Stehen Sie nach der Abgabe Ihrer Welpen den neuen Familien jederzeit mit Rat und Tat zur Seite. Es gibt, besonders für „Hundeneulinge", nichts Schlimmeres, als wenn sie mit ihrem kleinen Hund bei Fragen, Problemen und Unsicherheiten allein gelassen werden. Diesen Punkt möchte ich Ihnen aus eigener Erfahrung wärmstens ans Herz legen. Bitte kümmern Sie sich weiter um die neuen Familien, bei denen jetzt Ihre kleinen Lieblinge leben. Ich verspreche Ihnen, Sie werden es nicht bereuen. Oft entwickeln sich Freundschaften und sehr schöne und gute Kontakte, die ein Leben lang anhalten. Und ganz nebenbei ist es für Sie und Ihre Zucht die beste Werbung, wenn Sie wegen Ihrer tollen Hunde und Ihres Engagements überall weiterempfohlen werden.

Fortführung der beim Züchter begonnenen Erziehung

Legen Sie den neuen Familien ans Herz, dass sie die von Ihnen angefangenen Grundlagen der Erziehung weiterführen und festigen. Informieren Sie die Interessenten über Welpenprägegruppen, was dort gemacht wird, und wie wichtig diese für das Erlernen und Festigen artgerechter Verhaltensweisen ihres kleinen Kerlchens sind. Informieren Sie sie auch über die Zeit und die Möglichkeiten danach: Junghundekurse, Erwachsenenkurse, Begleithundekurse usw. Machen Sie die Käufer darauf aufmerksam, welche Aktivitäten sie mit ihrem Hund rassebedingt besonders gut ausüben können.

Kaufvertrag

Zur Abfassung eines Kaufvertrages für Ihre Welpen lassen Sie sich am besten durch einen darauf spezialisierten Anwalt beraten. Er kann Ihnen die bestmögliche Gestaltung für Ihre Gegebenheiten an die Hand geben und Sie zu möglichen Folgen aus dem Kaufvertrag kompetent beraten. Diese einmalige Investition ist wirklich gut angelegtes Geld.

Mit den Welpenkäufern können Sie die Zahlung des Kaufpreises entweder bei Übergabe des Welpen an sie vereinbaren oder aber bereits im Vorfeld eine Anzahlung verlangen und die Restzahlung dann bei Übergabe. Das bleibt Ihrem Gefühl überlassen.

Der schwere Abschied

Richten Sie sämtliche Unterlagen für die Abgabe der Welpen her:

- Ahnentafeln (müssen meist hinterhergeschickt werden, da deren Ausstellung vom Verein länger dauert),
- Impfpässe,

◀ **Neben der** Erziehung sollte ein Hund seinen Anlagen entsprechend beschäftigt werden. Wie wäre es mit Treibball?

- Kopien aller relevanten Unterlagen der Elterntiere,
- Kaufvertrag,
- Gewichtsprotokoll,
- Kopie des Wurfabnahmeberichts usw.

Weisen Sie die neuen Familien darauf hin, dass Sie das kleine Kerlchen bitte schnellstmöglich bei TASSO e. V. (siehe Seite 105) oder einem anderen Haustierregister melden sollten.

Nun ist es soweit: Die neue Familie erwartet freudig ihr neues Mitglied, Sie haben bereits alles vorbereitet und nun gilt es, den Worten Taten folgen zu lassen.

Es gibt zwei Möglichkeiten: Entweder die neue Familie holt den Welpen bei Ihnen ab oder Sie bringen den Welpen zu der Familie. Wir haben uns spontan dazu entschieden, unsere Welpen immer selbst zu den neuen Familien zu bringen, egal wo diese wohnen. Oft nehmen wir einen der anderen Hunde aus dem Rudel mit. Das vereinfacht und erleichtert dem Kleinen die Ankunft bei der neuen Familie ganz erheblich. Außerdem sehen wir gleich, wie das neue Zuhause unseres Welpen aussieht. Jedes Mal hat die neue Familie noch viele Fragen zu diesem und jenem, was man noch besser oder anders machen könnte usw. Alle diese Fragen werden gleich vor Ort besprochen und eventuelle Probleme erkannt und gelöst.

Und dann wird es ernst. Jetzt heißt es Abschied nehmen von Ihrem kleinen Liebling. Versuchen Sie, Ihren Kummer und Ihre Tränen nicht vor der neuen Familie zu zeigen. Denn damit zerstören Sie deren Freude und Glück. Verabschieden Sie sich herzlich und drehen Sie sich nach Möglichkeit nicht mehr nach Ihrem Welpen um, wenn Sie gehen. Wenn Sie es nicht mehr aushalten, fahren Sie an den Straßenrand und weinen Sie Ihrem großen Begleiter Ihre heißen Tränen ins Fell. Er wird es verstehen und ein behutsames Ablecken Ihrer Tränen oder ein sanfter Pfotendruck lässt die Welt doch gleich wieder viel besser aussehen.

Service

Alle Kosten auf einen Blick (in Euro)

Materialkosten Wurfkiste, selbst gebaut	290,–
im Handel erhältliche Wurfkiste, Holz	309,–
im Handel erhältliche Wurfkiste, Kunststoff	369,–
Thermometer zur Temperaturmessung in der Wurfkiste	2,30
weiße VetBeds 100 x 150 cm, nicht gummiert (diverse Anbieter im Internet)	45,– / Stück
Innenkennel	
weiße VetBeds 100 x 150 cm	45,– / Stück
kleine Baumwollknoten	3,– bis 5,– / Stück
kleine Baumwollbällchen	2,– / Stück
welpensichere Plüschtiere	5,– / Stück
Krankenhausunterlagen	30,– / 50 Stück (Karton)
Bällchenspielplatz	120,–
großer Hund o. ä. als Steinfigur	50,–
Hundehäuschen aus Kunststoff (für drinnen und draußen geeignet)	50,–
Außenkennel	
ausbruchsichere Umzäunung (Welpengitter)	
pro Gitter (ohne Tür)	34,–
pro Gitter (mit Tür)	55,–
pro Standfuß	8,–
ungiftige Pflanzen wie z. B. Kräuter, pro Pflanze	5,–
Sandplatz, pro Tonne Rheinsand	20,–
Bademuschel	15,–

Trinkwassernapf (ein breiter, eher flacher Blumentopf eignet sich bestens)	15,–
Laufsteg oder Wippe	39,–
Welpentunnel	18,–
Zucht- und Zwingerzulassung	
Vereinsmitgliedschaft (jährlich)	50,–
Neuzüchterseminar	100,–
Fachliteratur	200,– bis 300,–
Zuchtstättenabnahme	100,–
Zwingerschutz VDH / F.C.I. (international)	55,–
Fortbildungsveranstaltungen	25,– bis 50,– pro Veranstaltung
Zuchtbuch	10,– / Buch
Belegung / Deckakt	
Decktaxe (rasseabhängig)	500,– bis 1.200,––
Deckrüdengebühr (vom Zuchtverein erhoben)	35,–
Progesterontest Hündin	21,–
Blutentnahme für Progesterontest	7,50
Endoskopie, Scheidenuntersuchung	19,– bis 23,–
Präputialabstrich Rüde	20,– bis 25,–
Vaginalabstrich Hündin	20,– bis 25,–
wenn noch eine bakteriologische Untersuchung hinzukommt	+ 20,–
Trächtigkeitsuntersuchung (Ultraschall)	80,– bis 100,–

Kaiserschnitt inkl. Narkose, OP-Material
und Medikamente 650,–
fallweise kann noch ein Nachtzuschlag
hinzukommen, dann können die Kosten
auf bis zu 1.000,– bis 1.200,– steigen
Röntgen nach der Geburt 36,–
Einschläfern Welpe 15,–
Abtransport Tierkörper (Totgeburten
oder eingeschläferte Welpen) 10,–
Sektion Welpe 40,– bis 60,–
Wundbehandlung und
Medikamente 60,– bis 80,–

Welpen
CaloPet-Paste für die Hündin, 240 g 17,–
Frubiase Calcium Forte 500, Trinkampullen,
Inhalt 20 Stück 10,–
Welpenfutterring, Edelstahl 60,–
Krallenzange für sehr kleine Krallen 6,–
Transportbox (transparenter Kunststoff) 10,–
Entwurmungspaste 6,– bis 15,–
Kombinationsimpfung (mit 8-9 Wochen) 40,–
Einzelimpfung Tollwut 32,–
Mikrochip einsetzen (inkl. Chip) 35,– / Welpe
Heimtierausweis 10,– / Welpe
Ahnentafeln 70,– / Welpe
Wurfabnahme 100,–

Adressen

F.C.I. Fédération Cynologique Internationale
13, Place Albert 1er
6530 Thuin – Belgique
tél. ++32 (0)71 59 12 38
fax ++ 32 (0)71 59 22 29
Internet: http://www.fci.be

VDH Verband für das Deutsche Hundewesen
Westfalendamm 174
44141 Dortmund
Tel.: +49 (2 31) 5 65 00-0
Fax: +49 (2 31) 59 24 40
Internet: http://www.vdh.de

TASSO e. V.
Frankfurter Str. 20
65795 Hattersheim
Tel.: +49 (6190) 93 73 00
Fax: +49 (6190) 93 74 00
Internet: http://www.tasso.net

ESCCAP – European Scientific Counsel Companion Animal Parasites
c/o Vennebusch & Musch GmbH
Katharinenstraße 111
49078 Osnabrück
Telefon 0541 / 76 02 89 40
Telefax: 0541 / 76 02 89 50
Internet: http://www.esccap.de

Literaturverzeichnis

- Balzer, M. (2009): Mein Hund gesund durch Frischfütterung. Müller Rüschlikon Verlag, Stuttgart
- Hansen, I. (2004): Vererbung beim Hund. Müller Rüschlikon Verlags AG, Cham
- Holst, P.A., MS, DVM (2000): Canine Reproduction. Alpine Publications, Loveland, Colorado
- Isabell, J. (2002): Genetics – An Introduction for Dog Breeders. Alpine Publications, Loveland, Colorado
- Kupper, J., Demuth, D. (2010): Giftige Pflanzen für Klein- und Heimtiere, 2010, Enke Verlag, Stuttgart
- Meyer, H., Zentek, J. (2010): Ernährung des Hundes. Enke Verlag, Stuttgart
- Niemand, H.G., Suter, P.F. (2001): Praktikum der Hundeklinik. Parey Buchverlag, Berlin
- Padgett, G.A., DVM (1998): Control of Canine Genetic Diseases. Howell Book House, Wiley Publications, Inc., New York
- Wehrend, A., Hrsg. (2008): Neonatalogie beim Hund. Schlütersche Verlagsgesellschaft, Hannover
- Westerhuis, A.H. (2000): Homöopathie für Hunde. Droemersche Verlagsanstalt Th. Knaur Nachf., München
- Willis, M.B. (1992): Practical Genetics for Dog Breeders. Howell Book House, Macmillan Publishing Co., New York
- Wolff, H.G. (2002): Unsere Hunde – gesund durch Homöopathie. Sonntag Verlag, Stuttgart
- Zink, M.C. (2004): Hundegesundheit und -ernährung für Dummies. mitp-Verlag, Bonn

Zum Weiterlesen und Vertiefen

Neben der oben aufgeführten Literatur gibt es noch viele weitere lesenswerte Bücher. Einige davon sind nachstehend aufgelistet:

- Eric H.W. Aldington: Was tu ich nur mit diesem Hund?, 9. Auflage 2003, Gollwitzer Verlag
- Jan Fennell: The Seven Ages Of Your Dog, 2005, HarperCollins
- Dr. Dieter Fleig: Die Technik der Hundezucht, 5. Auflage, 2004, Kynos Verlag
- Hans-Ulrich Grimm: Katzen würden Mäuse kaufen – Schwarzbuch Tierfutter, 4. Auflage 2009, Heyne Verlag
- Ilse Sieber, Eric H.W. Aldington: Hundezucht naturgemäß mit Liebe und Verstand, 5. Auflage 1993, Gollwitzer Verlag
- Dr. Dorit Urd Feddersen-Petersen: Hundepsychologie, 4. Auflage 2004, Kosmos Verlag
- Rosemarie Wild: Aufzucht junger Hunde, 1. Auflage 2003, Müller Rüschlikon Verlag

Glossar

Aspirationspneumonie: Lungenentzündung, die durch Schluckstörungen oder das Verschlucken von Flüssigkeiten wie Fruchtwasser, Milch oder Medikamenten hervorgerufen wird.

Aujeszkysche Krankheit: Durch Fressen von rohem Schweinefleisch oder den Kontakt des Hundes mit Schweinen infiziert sich der Hund mit dem Virus. Die Krankheit verläuft bei Hunden ausnahmslos tödlich.

Brachyzephal (Kopfform): kurzköpfig, rundschädelig.

Canines Herpesvirus (CHV): Verursacht beim erwachsenen Hund in der Regel milde Infektionen der Atemwege, bei jungen Welpen führt es meist **zum Tod.**

Dolichozephal (Kopfform): langköpfig.

Eklampsie: Unterversorgung der säugenden Hündin mit Kalzium. Kann zu Muskelzuckungen und -krämpfen führen.

Ellenbogengelenksdysplasie (ED): Eine Skelettentwicklungsstörung, die meist in den ersten sechs Lebensmonaten auftritt und von der überwiegend schnell- und großwüchsige Hunde betroffen sind. Die Erkrankung macht sich durch Lahmheit bemerkbar. Eine Heilung der Erkrankung ist nicht möglich.

Erhaltungszucht: Die eigentliche Bedeutung von Erhaltungszucht ist das Züchten von Tier- oder Pflanzenarten, die vom Aussterben bedroht sind. In der Hundezucht sprechen wir von Erhaltungszucht, wenn wir den anhand eines Rassestandards gezüchteten und vorhandenen Hundetyp beibehalten, also „erhalten" wollen.

Hängen: Nach dem Eindringen des Penis des Rüden in die Vagina der Hündin schwillt der Eichelschwellkörper des Rüden stark an. Diese Anschwellung nach der Ejakulation hält etwa 30 Minuten an. Durch seine starke Anschwellung kann der Schwellkörper nicht durch den relativ engen Durchmesser der Vagina hinausgleiten. Daher „hängt" der Rüde an der Hündin.

Hepatitis contagiosa canis (H.c.c.): Diese ansteckende Leberentzündung der Hunde wird durch ein Virus hervorgerufen, das hauptsächlich über den Harn symptomlos infizierter Hunde übertragen wird. Für diese Erkrankung gibt es keine ursächliche Behandlung. Das Mittel der Wahl ist die regelmäßige Impfung des Hundes.

Hüftgelenksdysplasie (HD): Eine polygenetisch vererbte Erkrankung, die hauptsächlich bei großwüchsigen Rassen vorkommt. Die Erkrankung äußert sich in Lahmheit, Schwierigkeiten beim Aufstehen und Schmerzen. Eine Heilung der HD ist nicht möglich.

Immunologische Lücke: Entsteht, wenn die maternalen (mütterlichen) Antikörper, die die Welpen von der Mutter erhalten, die Welpen nicht mehr ausreichend vor Infektionen schützen und gleichzeitig eine wirksame Immunisierung (Gabe von körperfremden Antikörper in Form von Impfstoffen) verhindern. In der Regel ist dies der Zeitraum zwischen der siebten und zwölften Lebenswoche der Welpen.

Intrauterin: in utero (lateinisch, „in der Gebärmutter").

Laktation: Die Milchabgabe an die Jungen von Säugetieren nach der Geburt. Laktation kann auch die Produktion von Muttermilch bedeuten.

Leerbleiben: Eine Hündin hat trotz Deckakt nicht aufgenommen und wird nicht trächtig. Das Leerbleiben einer Hündin muss nach Feststellung sowohl dem Zuchtverein als auch dem Deckrüdenbesitzer angezeigt werden.

Leptospirose: Leptospiren sind Bakterien, die häufig in stehenden Gewässern vorkommen, wo sie lange überleben. Die Ansteckung mit der Krankheit erfolgt über den Harn bereits infizierter Tiere. Der Impfschutz gegen Leptospirose hält etwa sechs bis acht Monate an. Hunde, die häufig im Wasser arbeiten oder gerne schwimmen, sollte man daher alle sechs Monate impfen lassen.

Mastitis: Entzündung des Gesäuges der Hündin. Sie wird durch das Eindringen von Bakterien in die Milchdrüsen verursacht und äußert sich durch Rötung und schmerzhafte Schwellung der Milchdrüsen.

Mesozephal (Kopfform): mittellanger Kopf.

Milchstau: Nicht entzündliche Verhärtung oder Anschwellung des Gesäuges bei der Hündin. Ein Milchstau kann beispielsweise entstehen, wenn nur ganz bestimmte Zitzen von den Welpen bevorzugt werden und andere dagegen nicht. Dem beugt man vor durch gezieltes Anlegen der Welpen an allen Zitzen.

Milchtritt: Die Welpen treten während des Säugens mit ihren Vorderpfötchen gegen die Zitzen der Hundemutter und stimulieren dadurch den Milchfluss und die Milchproduktion bei der Hündin.

Parainfluenza (Zwingerhusten): Zwingerhusten wird durch Tröpfcheninfektion übertragen. Da die Erkrankung hochansteckend ist, sollten betroffene Hunde den Kontakt zu anderen Hunden meiden. Gegen Zwingerhusten gibt es eine Impfung.

Parvovirose: Diese Viruserkrankung wird über den Kot, über Gegenstände oder Kleidung übertragen, an denen das Virus haftet. Bei ungeimpf-

ten Welpen bis zum Alter von sechs Monaten ist die Sterblichkeitsrate sehr hoch.

Polygenetischer Erbgang: Bei einem solchen Erbgang sind mehrere Gene an der Ausbildung von Merkmalen oder Eigenschaften beteiligt.

Präputium: Vorhaut des Penis.

Progesteron: Ein vom Eierstock der Hündin gebildetes Hormon, das die Gebärmutterschleimhaut für die Einnistung von Föten vorbereiten soll. Je höher der Progesteronwert ansteigt, umso näher rückt der optimale Deckzeitpunkt.

Puerperale Intoxikation: Die sogenannte „Wochenbettvergiftung" rührt daher, dass sich die Gebärmutter der Hündin nach der Geburt nicht zurückbildet. Dadurch sammeln sich in der Gebärmutter Ausfluss und giftige Abbauprodukte an, die zu einer fieberhaften Erkrankung der Hündin führen.

Schlupfschnalle: So wird die Vulva bezeichnet, wenn sie beim weiblichen Welpen etwas „eingezogen" ist, also sich nicht von der sie umgebenden Haut abhebt. Dieser Zustand ist nur vorübergehend und verschwindet im weiteren Wachstum der kleinen Hündin.

Staupe: Auslöser dieser Erkrankung ist ein dem menschlichen Masernvirus verwandtes Virus, das über die Ausscheidungen erkrankter Hunde übertragen wird. Die Sterblichkeitsrate der Hunde bei dieser Viruserkrankung liegt bei etwa 50 %. Das Risiko, an Staupe zu erkranken, wird nur durch konsequentes Impfen ausgeschaltet.

Tollwut: Tollwut ist die wohl bekannteste Viruskrankheit, die nicht nur der Hund, sondern auch andere Säugetiere, Vögel und der Mensch bekommen können. Die Ansteckung erfolgt über den Speichel tollwütiger Tiere (durch Beißen). Beim Tier endet die Krankheit immer mit dem Tod. Beim Menschen verhindert rechtzeitiges Impfen nach dem Biss durch ein tollwütiges Tier den Ausbruch der Krankheit.

Transponder (Chippen): Elektronischer Mikrochip, der mit einem Lesegerät gelesen werden kann. Mit dem Chip erhält das Tier seinen eigenen, weltweit einmaligen Zahlencode.

Dank

Ihnen, liebe Leser, möchte ich ganz herzlich
danken. Dafür, dass Sie beim Lesen dieses Büch-
leins bis zum Ende durchgehalten haben und für
Ihr Interesse an des Menschen besten Freunden,
unseren Hunden. Mein ganz besonderer Dank
jedoch gilt den besten Hundemädels dieser Welt,
ohne sie wäre alles nichts: Kröta und Schnulla!

Register

Bildquellen

Bildagentur IPO: Seite 9, 66 oben
Canisreporting.com/Vanessa Grossemy:
    Seite 11, 31, 38
Benjamin Händel, Dietikon/Schweiz:
    Seite 4, 18, 21, 49, 53, 59, 67, 73, 84, 85
Claudia Händel, Sachsenheim: Seite 97, 98,
    108
Juniors Bildarchiv: Seite 10
Reinhard Tierfoto/Hans Reinhard: Seite 6
Markus Schäfer, Besigheim: Seite 1, 12, 16,
    17, 34, 69, 82, 87, 104

Heike Schmidt-Röger/www.schmidt-roeger-foto.de:
    Seite 19, 22, 24, 26, 29, 33, 37, 40, 41, 45, 46, 48,
    52, 55, 56, 60, 63, 64, 66 unten, 68, 70, 71, 72,
    75, 76, 78, 80, 83, 90, 91, 93, 95, 96, 100, 102

Titelbild: Canisreporting.com/Vanessa Grossemy

Die Zeichnungen auf Seite 15 fertigte
Helmuth Flubacher/Flubacher Grafisches Atelier,
Waiblingen.

In diesem Buch sind die Namen von Medikamenten, die zugleich eingetragene Warenzeichen sind, als solche nicht besonders kenntlich gemacht. Es kann also aus der Bezeichnung der Ware mit dem für diese eingetragenen Warenzeichen nicht geschlossen werden, dass die Bezeichnung ein freier Warenname ist.

Die Markennamen wurden nur beispielhaft aufgeführt. Hinsichtlich der in diesem Buch angegebenen Dosierungen von Medikamenten usw. wurde die größtmögliche Sorgfalt beachtet. Gleichwohl werden die Leser aufgefordert, die entsprechenden Beipackzettel der Hersteller zur Kontrolle heranzuziehen.

Dic beispielhafte Auflistung von Medikamenten bzw. Wirkstoffen ist kein Beweis dafür, dass diese in Deutschland zugelassen sind. Der behandelnde Tierarzt ist aufgefordert, die jeweilige (Zulassungs-)Situation zu überprüfen.

Die in diesem Buch enthaltenen Empfehlungen und Angaben sind von der Autorin mit größter Sorgfalt zusammengestellt und geprüft worden. Eine Garantie für die Richtigkeit der Angaben kann aber nicht gegeben werden. Die Autorin und der Verlag übernahmen keinerlei Haftung für Schäden und Unfälle.

Impressum

Die in diesem Buch enthaltenen Empfehlungen und Angaben sind von der Autorin mit größter Sorgfalt zusammengestellt und geprüft worden. Eine Garantie für die Richtigkeit der Angaben kann jedoch nicht gegeben werden. Autorin und Verlag übernehmen keinerlei Haftung für Schäden und Unfälle. Der Leser sollte bei der Anwendung der in diesem Buch enthaltenen Empfehlungen sein persönliches Urteilsvermögen einsetzen.

Bibliografische Information der Deutschen Nationalbibliothek

Die Deutsche Nationalbibliothek verzeichnet diese Publikation in der Deutschen Nationalbibliografie; detaillierte bibliografische Daten sind im Internet über http://dnb.d-nb.de abrufbar.

Das Werk einschließlich aller seiner Teile ist urheberrechtlich geschützt. Jede Verwertung außerhalb der engen Grenzen des Urheberrechtsgesetzes ist ohne Zustimmung des Verlages unzulässig und strafbar. Das gilt insbesondere für Vervielfältigungen, Übersetzungen, Mikroverfilmungen und die Einspeicherung und Verarbeitung in elektronischen Systemen.

Hinweis: Der Verlag Eugen Ulmer ist nicht verantwortlich für die Inhalte der im Buch genannten Websites.

© 2011 Eugen Ulmer KG
Wollgrasweg 41, 70599 Stuttgart (Hohenheim)
E-Mail: info@ulmer.de
Internet: www.ulmer.de

Lektorat: Adina Lietz, Kathrin Gutmann
Herstellung: Ulla Stammel
Umschlagentwurf: Sojus Design / Kai Twelbeck, Stuttgart
Satz: dtp-herstellung
Druck und Bindung: Westermann Druck, Zwickau
Printed in Germany

ISBN 978-3-8001-7617-5